100%를 지향하지 않는

최적의
의사결정법

오가와 코헤이(小川活平) 지음
옥태준 감역
김영진 번역

BM 성안당

머리말

저는 화학공학자로서 대학에서 줄곧 화학공학을 연구해 오던 중, 크나큰 문제에 봉착하였습니다. 그것은 사물을 혼합하는 조작과 분리하는 조작이 전혀 다르게 논의되어 왔기 때문입니다. 일례로 커피에 크림을 타서 마실 때 A씨는 스푼으로 2~3회만 휘저은 후에 마시고, B씨는 수십 회나 휘저은 후에 마십니다. A씨는 2~3회만 휘저으면 충분히 혼합되었다고 느끼고 있는데 비하여, B씨는 2~3회로는 제대로 혼합되지 않고 분리되어 있는 상태라고 인식한 것입니다. 하지만 두 경우 모두 커피잔 안에서 발생하고 있는 현상입니다.

이 사실은 잘 혼합되었다는 상태와 분리되어 있는 상태가 동전의 앞뒷면과 같다는 점을 보여주고 있습니다. 그럼에도 불구하고 현재까지는 사물의 혼합 상태와 분리 상태를 따로따로 파악하여 논의해 왔다는 것입니다.

그래서 저는 어느 경우에나 하나의 관점으로 논의되어야 한다고 생각하여, 화학공학 분야에서는 잘 알려져 있지 않은 '정보 엔트로피'라는 개념을 새로운 견해로 받아들여 활용하는 것을 진지하게 고려하였습니다. 그 결과 사물을 혼합시키는 조작과 분리하는 조작에 대해 새롭고 유익한 많은 지식을 습득할 수 있었습니다. 그리하여 공학이라는 학문이 사회와 인간을 행복하게 하기 위한 학문으로 자리매김하려면, 거기에는 인간의 심리와 감각이 포함되어야 한다고 생각하여, 인간의 심리에 생기는 불안감이나 기대감의 정도를 정량적(定量的)으로 나타낼 수 있는 표시식을, 정보 엔트로피 개념에 근거하여 제안한 것입니다.

그리하여 이 표시식을 활용함으로써 지금까지 설명할 수 없었던 인간의 의사결정 결과를 명확하게 설명할 수 있었습니다. 그래서 이 표시식을 더욱 발전시켜서 우리들이 일상생활 속에서 직면하는 다양한 의사결정을 해야 할 때, 최적의 의사결정을 하는 조건을 발견할 수 있다고 확신했고, 오랫동안 연구한 결과를 이 책에 정리하였습니다.

이 책을 읽으시고, 한 번만이라도 '과연 그렇구나!' 하고 수긍해 주신다면 저는 이보다 더 큰 행복은 없다고 생각합니다.

2016년 11월
오가와 코헤이

차례

제2장 ● 활용

부록

제1장

기초 사항

1. 불안도·기대도의 정량적 표현
(불안도 AEA·기대도 AEE 곡선의 표시식)

2. 객관적으로 주어진 확률(객관확률)과
그것을 감각으로 파악한 확률(주관확률)

3. 기대도 AEE 곡선과 불안도 AEA 곡선의 유용성 확인

4. 기대도 AEE 곡선, 불안도 AEA 곡선의 활용

독자 여러분은 어떤 목표를 100% 달성할 수 없는 자신을 비하하거나, 자신이 희망하는 목표를 상대방에게 100% 달성하도록 강요한 적은 없습니까? 때로는 목표의 100% 달성이 가장 좋은 해답이 아닐 수도 있습니다. 경우에 따라서는 목표의 70%, 50%, 30% 달성으로 만족해야 하는 것이 최선의 해답일 수도 있습니다. 이 책에서는 인간의 심리에 발생하는 불안감이나 기대감의 정도를 정량적으로 보여주는 방법에 근거하여 이 점을 명쾌하게 설명하고자 합니다.

　　'그럼 이제 슬슬 떠나볼까?, 이 전차는 혼잡하니까 다음 차로 가야겠구나!, 이 문제는 이쯤해서 해결해야지!, 슬슬 점심이나 먹으러 갈까?, 이 문제는 전화로 해결해야지!, 귀갓길에 잠깐 들러볼까?' 등등 인간이 어떤 판단이나 행동을 할 때, 도대체 무엇에 근거하여 판단하고 행동하고 있는 것일까요? 통상적으로 이러한 수많은 의사결정은 감각적으로 하는 것이 아닌가요? 저는 이러한 의사결정의 배경을 논리적이면서도 정량적으로 명확하게 저술한 자료를 목격한 적이 없습니다. 아마 많은 독자들도 공감하리라 생각합니다. 이에 비해 과학기술 분야에서는 논리정연하게 삼단논법에 근거하여 해답을 얻고 있습니다. 인간의 의사결정도 과학의 한 분야인 사회과학에서 다룰 수 있는 대상이지만, 인간의 심리와 감각에 크게 의존하는 탓인지, 지극히 이론적으로 불명확한 검토 상황에 있습니다.

　　저는 화학공학을 전공한 후 연구에 매진하면서 이 분야를 공부하는 학생들을 가르쳐 왔습니다. 그러나 그 화학공학에 관해서도 불만이 있는데, 그 이유는 현재까지의 화학공학에는 인간이 심리와 감각에 대한 관점이 빠져 있었기 때문입니다. 공학 그 자체가 사회 그리고 인간을 행복하게 해 주기 위한 학문으로 자리매김하려면, 거기에는 인간의 심리와 감각이 포함되어야 한다고 생각합니다. 화학공학도 공학을 구성하는 한 분야의 학문이라면, 역시 인간의 심리와 감각에 대한 견해도 포함될 필요가 있다고 생각합니다.

저는 박사 과정을 수료할 당시부터, 공학에 대한 인간의 심리와 감각이라는 견해를 받아들여야 할 필요성을 느끼기 시작했습니다. 그 계기가 된 것은 은사(이토시로 교수)로부터 '미래의 화학공학은 비평형(非平衡)이 중요하다'는 말을 듣고, 비평형에 관한 책 '비평형의 열역학'을 탐독했을 때 '정보 엔트로피'라는 단어를 우연히 접하게 되었습니다. 그 시점까지 열역학에 대한 '엔트로피'를 배운 적은 없지만, 모습은 보이지 않아 다루어야 할 상황이 아닌 것으로 여겨 기피하며, 가능하면 접근하려고 하지 않았습니다.

그러나 '정보 엔트로피'는 '열역학 엔트로피'와는 달리, 논리적으로 다루기 쉬운 확률에 기초를 두고 있다는 점, 원래 정보 전달의 분야 즉 전기통신 분야에서 출발한 개념으로, 일본이 '정보 엔트로피'에 관한 연구를 등한히 한 탓에 과거에 일본이 발신하는 암호가 적에게 노출되어 패전으로 이어진 가능성이 있었다는 점, 현재는 전기통신 분야만이 아니라 의학, 예술, 스포츠 등등의 수많은 분야에서 활용되고 있다는 점을 알고, 어쩌면 이 '정보 엔트로피'가 자신이 하는 연구의 새로운 국면을 개척하는 유용한 도구가 될 수도 있다고 기대한 것입니다.

구체적으로 언급하자면, 커피에 크림을 타서 스푼으로 휘저어 마실 때 어떤 사람은 2~3회만 휘저어 마시고, 또 다른 사람은 10회 이상 휘저은 후에 마시는데, 이것은 하나의 현상에서도 어떤 사람에게는 커피와 밀크가 제대로 혼합되어 있는 상태이고, 또 다른 사람에게는 아직도 분리되어 있는 상태라고 느끼고 있다는 점입니다. 이러한 상황을 접할 때마다 혼합과 분리라는 상황은 어차피 하나의 현상이 아닐까 생각하기에 이르렀습니다. 그리고 제가 소속되어 있는 연구실에서는, 어떤 학생은 장치 내에 투입된 트레이서(tracer) 장치 내의 분포상태에 근거하여 혼합현상을 논의하고, 또 어떤 학생은 유용한 성분의 회수율이나 불필요한 성분의 혼입률에 근거하여 장치 내의 분리현상을 논의하는 것을 접할 때마다, 저는 이 점에 대해 왜 동일한 관점으로 논의되지 않는 것일까 하는 의문을 지속적으로 갖게 되었습니다.

이 의문은 이 '정보 엔트로피'가 해결의 실마리를 제공해 준 것이라고 생각하게 되었습니다. 그리고 실제로 이 '정보 엔트로피'를 활용함으로써 투입된 트레이서 응답에 근거하여 혼합상태를 평가하는 혼합성능 평가지표, 장치 내의 유체(流體) 영역 간의 추이 확률에 주목한 국소(局所)의 혼합성능 평가지표와 그것을 장치 전체로 평균한 혼합성능 평가지표, 다성분(多成分)의 혼합성능 평가지표, 그것과 완전히 반대되는 분리성능 평가지표, 유체(流體)의 불규칙한 운동 에너지의 스펙트르(spectre) 표시식, 동일한 표시식에 근거한 새로운 장치의 스케일 업 룰, 분립체(粉粒體)의 입자경(粒子徑)

의 분포 표시식 등을 제안하여, 많은 유용한 지식을 얻을 수 있었습니다. 그러나 현 시점까지는 인간의 심리와 감각이라는 견해는 일절 받아들이지 않았습니다.

이어서 인간의 심리와 감각이라는 견해를 받아들이기 위해 '정보 엔트로피'의 새로운 전개를 시도해보기 시작했습니다. 그때까지 인간의 심리와 감각은 공학의 필수 불가결한 요소이면서도 수치로 정량적으로 표현할 수 없었지만, 마침내 인간의 심리에 발행하는 불안감이나 기대감의 정도를 정량적으로 보여줄 수 있는 표시식을 '정보 엔트로피' 개념에 근거하여 제안하게 되었습니다. 2002년에 노벨 경제학상을 수상한 다니엘 카네만과 공동 연구해온 트버스키와 폭스가 '왜 이렇게 되는지 이유는 알 수 없지만'이라는 전제하에 공표한 도박에 대한 인간의 의사결정 실험 데이터를 새로 제안한 불안도(不安度)와 기대도(期待度)를 보여주는 표시식에 근거하여 정확하게 설명할 수 있다는 점을 밝힐 수 있었을 때는 마치 캄캄한 동굴 속에서 한 줄기 빛을 발견한 것과 같은 느낌이었습니다.

이 책에서는 이 인간의 심리에 발생하는 불안감이나 기대감의 정도를 정량적으로 보여줄 수 있는 표시식을 구사하여, 다양한 상황에서 인간이 의사결정할 때 당연히 취하는 방법과 결과를 명쾌하게 기술하고자 합니다.

인간의 심리에 발생하는 불안감이나 기대감의 정도를 정량적으로 보여주는 방법 및 불안도 AEA 곡선이나 기대도 AEE 곡선 도

출의 상세한 점을 비롯하여 수학적 측면의 상세한 점은 '부록'에 수록하였으며, 먼저 불안도 AEA 곡선과 기대도 AEE 곡선이 어떤 것인가를 보여드리고자 합니다. 여기서는 먼저 불안도 AEA 곡선과 기대도 AEE 곡선의 정량적 표시법을 기술하고, 이어서 그것을 활용한 의사결정 방법과 결과를 기술하였습니다.

"1"

불안도·기대도의 정량적 표현
(불안도 *AEA*·기대도 *AEE* 곡선의 표시식)

   사람들은 날마다 뭔가에 불안을 느끼거나 기대를 갖고 살아가고 있습니다. 외출할 때는 '전철이 연착하면 모임에 늦을 수도 있다'고 불안을 느끼거나, 복권을 구입할 때는 '어쩌면 나에게도 10억 원을 벌 수 있는 행운이 찾아올지도 모른다'고 기대합니다. 이처럼 누구나가 다양한 환경에서 불안을 느끼거나 기대하는 것은 일상생활의 다반사입니다. 최근에는 후쿠시마 원자력발전소의 비참한 사고가 화제가 되었지만, '후쿠시마의 방사능 물질이 내가 사는 곳까지 날아오는 것은 아닐까?' 하는 불안감을 안고 살아가는 사람도 적지 않을 터이고, 현재도 그런 불안감을 안고 살아가는 사람도 있을 수 있습니다. 이와 같이 사람들이 느끼는 불안과 기대의 정도를 정량적으로 나타내려면 어떻게 하면 좋을까요?

   '출근 시간대의 전철은 연착할 수도 있다'는 불안과, '지진의 영향으로 후지산의 대분화가 시작될 수도 있다'는 불안에는, 각각의 사태가 발생할 확률(발생확률)로 고려하면 '출근 시간대의 전철이 연착할 수 있다'는 확률이 '후지산의 대분화가 시작될 수 있다'는 확률보다 크지만, 만약 각각의 사태가 발생했을 때의 심각성으로 비교하면, '전철이 연착했다'는 경우의 우려보다 '후지산의 대분화가 시작되었다'는 경우의 우려가 훨씬 더 클 것입니다. 또 '출근 시간대의 전철에서 앉아 갈 수도 있다'는 기대와 '이번에 구입한 복권이 10억 원에 당첨될 수도 있다'는 기대에서는, 각각의 사태가 발생하는 발생확률로 고려하면 '전철에서 앉아 갈 수 있다'는 확률이 '복권으로 10억 원에 당첨된다'는 확률보다 크지만, 만약 각각의 사태가 발생했을 때의 심각성을 비교하면, '출근 시간대의 전철에서 앉아 갈 수도 있었다'는 기쁨보다 '복권으로 10억 원에 당첨되었다'는 기쁨이 훨씬 더 클 것입니다.

이와 같은 대상의 사태가 발생할 확률과 그 사태가 지닌 심각성을 가미하여 그 대상으로 삼는 사태에 관한 불안의 정도나 기대의 정도를 정량적으로 나타낼 수 있습니다.

'전철이 연착하여 모임에 늦으면 곤란한데'라는 불안의 정도와 '어쩌면 복권으로 10억원에 당첨될 수도 있다'는 기대의 정도는 동일하게 다음 식으로 정량적으로 나타낼 수 있습니다(여기서 수식이 등장하는데, 이것은 인간이 갖는 불안의 정도와 기대의 정도를 정량적으로 나타내는 기본으로, 앞으로 이 책에서 논의하는 기본이 되는 약속이므로 양해해 주시기 바랍니다).

$$AE_{P<1/2} = V\{-P\ln P - (1-P)\ln(1-P)\} \qquad (1)$$

$$AE_{P\geq1/2} = V[2\ln2 - \{-P\ln P - (1-P)\ln(1-P)\}] \quad (2)$$

여기서 P는 대상으로 삼는 사태가 발생할 확률(발생확률)로, V는 '출근 시간대의 전철이 연착한다'는 불안과 '지진의 영향으로 후지산의 대분화가 시작될 수도 있다'는 불안의 차이, 또는 '전철에서 앉아 갈 수 있다'는 기쁨과 '복권으로 10억원에 당첨된다'는 기쁨의 차이를 나타내기 위한 가치인자(價値因子)입니다. 이 때 기대의 정도와 불안의 정도와 사태가 발생할 확률(발생확률) P의 관계를 그림으로 나타내면 **그림-1과** 같은 곡선을 그릴 수 있습니다. 그림에는 사태의 가치인자 V를 0.5부터 5.0까지 변화시킨 경우의 곡선을 보여주고 있습니다. 여기서 그림 속의 곡선을 기대도 AEE 곡선 또는 불안도 AEA 곡선이라고 칭하겠습니다. 그러나 어느 곡선이나 $P=1$일 때에 최대치를 취하므로, 이 최대치를 이용하여 무차원화*(無次元化)하면, 어느 곡선이나 **그림-2처럼** 최대치 1을 취하는 역(逆) S자형의 동일 곡선이 됩니다.

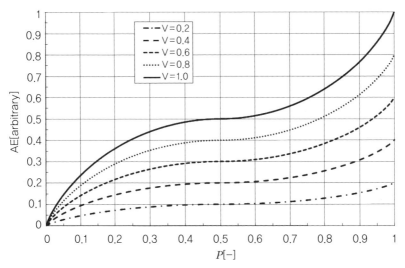

그림-1 가치인자 V를 0.5부터 5.0까지 변화시킨 경우의 기대도 AEE 곡선, 불안도 AEA 곡선

---

*무차원화 : 차원이 있는 물리량을 조합시켜 차원이 없는 물리량을 얻는 작업 또는 행위를 나타낸다. 본문에서 발생확률 P와 AE 값(기대도 AEE, 불안도 AEA) 간의 곡선은 그림-1과 같이 가치인자 V에 따라 그 크기가 다르다. AE값을 하나의 물리량이라고 생각할 수 있다. 이 때 $P=1$ 일 때의 AE값은 최대값으로 나타내고 가치인자 V에 따라 서로 다르다. 각 가치인자 V에 따른 $P-AE$ 곡선을 각 최대값으로 나누면 무차원화(기대도 경우 AEE/AEE_{max}, 불안도 경우 AEA/AEA_{max}) 시킬 수 있고, 이 때 $P-AE$곡선은 그림-2와 같이 나타난다.

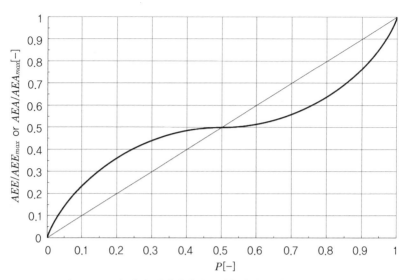

그림-2 P=1일 때의 최대치에서 무차원화한 기대도 AEE 곡선,
불안도 AEA 곡선

2

객관적으로 주어진 확률(객관확률)과
그것을 감각으로 파악한 확률(주관확률)

객관적으로 사전에 확률(객관확률 $P_{objective}$)이 주어졌을 때의 기대도와 불안도는 기대도 *AEE* 곡선, 불안도 *AEA* 곡선상의 값을 취합니다. 거기서도 인간들이 느끼는 기대도와 불안도는 우리들이 주관적으로 느끼는 확률에 정비례한다고 생각하면, 앞에서 언급한 $P_{objective}=1$에 대한 값으로 무차원화한 기대도와 불안도 값은 그대로 기대도 확률, 불안도 확률로 간주할 수 있습니다.

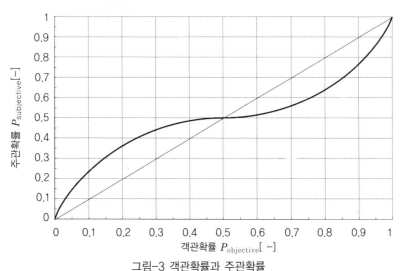

그림-3 객관확률과 주관확률

즉 이 P는 주관확률 $P_{subjective}$로 생각할 수 있습니다. 그 객관확률 $P_{objective}$와 주관확률 $P_{subjective}$의 관계는 **그림-3**에 제시한 대로입니다.

이 점을 통해 인간이 느끼는 불안과 기대의 정도는, 다음과 같은 심리적 경로로 정해진다고 생각할 수 있습니다. 먼저 인간은 자신이 원하는 상황, 또는 발생하면 곤란해지는 상황이 발생할 객관확률 $P_{objective}$가 주어지면 마음속으로 그것을 **그림-3**에 따라 주관확률 $P_{subjective}$로 변환합니다.

이어서 그 주관확률 $P_{subjective}$에 비례한 불안의 정도나 기대의 정도를 느낀다는 경로입니다. 더구나 주목하고 있는 사태에 대해 매스컴 등을 통해 주어지는 새로운 정보는 주관확률 값에 직접 반영되는 것이 아니고, 먼저 객관확률 값에 반영된 후에 주관확률 값에 반영된다고 생각합니다.

더 나아가, 대상으로 삼은 상황에 대한 어떤 인자의 값과 그 인자가 취할 수 있는 최대치의 상대비율(객관비율)이 주어진 경우에도, 그 상대비율을 앞에서 언급한 상황이 발생할 확률(발생확률) 대신에 두면, 그것은 주어진 객관비율로 생각할 수 있으며, 기대도 AEE 곡선이나 불안도 AEA 곡선을 통해 대응하는 주관적으로 파악한 주관비율을 이끌어낼 수 있습니다. 주어진 객관비율과 그것을 주관적으로 파악한 주관비율 사이에는 앞에서 언급한 발생확률을 대상으로 삼은 경우와 동일한 개념이 생겨납니다.

3

기대도 *AEA* 곡선과
불안도 *AEA* 곡선의 유용성 확인

3-1 얼마 주면 도박을 중단할래? (Fourfold),
어느 쪽 도박을 선택할래? (Winning)

트버스키와 폭스(1995년)는 도박(Fourfold)과 선호(Winning)에 관한 흥미진진한 실험 데이터를 제공하였습니다. 두 사람은 2002년에 노벨상(경제학상)을 수상한 다니엘 카네만 씨와 함께 연구하던 학자들입니다. 여기서는 트버스키와 폭스가 제출한 데이터(표-1)를 새로 제안한 기대도 *AEE* 곡선과 불안도 *AEA* 곡선으로 설명할 수 있는지의 여부를 검토해 보겠습니다. 표에서의 $C(x, P)$는 확률 P로 x달러 벌 수 있는 도박(x가 마이너스 값일 때는 x달러 지불하는 도박)을 보여주고 있으며, 우변의 값은 만약 그 도박을 중단당한다(x가 마이너스 값일 때는 도박을 중단하고 싶다)로 한다면, 얼마 받으면 도박을 중단해도 되는지(x가 마이너스 값일 때는 일마 지불하므로 중단시키고 싶은지) 라는 설문에 대한 응답의 미디언(median) 값(크기 순으로 늘어놓았을 때의 중앙의 값)을 보여주고 있습니다.

예를 들면 $C(\$100, 0.05) = \$14$는, 확률 5%로 100달러를 벌 수 있

는 도박의 경우에 '14달러 주면 이 도박은 중단해도 된다'고 응답한 것을 보여주고 있습니다. 트버스키와 폭스는 이와 같은 실험결과를 얻을 수 있는 근거는 명확하지 않다고 기술하고 있지만, 과연 새로 제안한 불안도 AEA 곡선, 기대도 AEE 곡선은 그 결과에 얼마간의 근거를 제공받았는가 하는 흥미로운 점이 생겨납니다.

설문 1 얼마 주면 이 도박을 중단할래? $I=AEE$

먼저 표-1의 도박(Fourfold)을 보시기 바랍니다. 설문은 다음의 네 가지입니다.

(1) 당신은 확률 5%로 100달러 벌 수 있는 도박에 직면해 있습니다. 이 때 '이 도박에는 참여하지 말아 달라'는 부탁을 받았습니다. 당신은 '사전에 ○○달러 주면 참여하지 않겠다'고 답하는 걸로 합니다. 당신은 이 ○○에 어떤 숫자를 기입하겠습니까?

(2) 당신은 확률 95%로 100달러 벌 수 있는 도박에 직면해 있습니다. 이 때 '이 도박에는 참여하지 말아 달라'는 부탁을 받았습니다. 당신은 '사전에 ○○달러 주면 참여하지 않겠다'고 답하는 걸로 합니다. 당신은 이 ○○에 어떤 숫자를 기입하겠습니까?

(3) 당신은 확률 5%로 100달러를 지불해야 하는 도박에 직면해 있습니다. 이 때 '이 도박에는 참여하고 싶지 않다'고 생각했습니다. 당신은 '사전에 ○○달러 지불할 테니까 참여하지 않게 해 달라'고 전달하기로 합니다. 당신은 이 ○○에 어떤 숫자를 기입하겠습니까?

(4) 당신은 확률 95%로 100달러를 지불해야 하는 도박에 직면해 있습니다. 이 때 '이 도박에는 참여하고 싶지 않다'고 생각했습니다. 당신은 '사전에 ○○달러 지불할 테니까 참여하지 않게 해 달라'

고 전달하기로 합니다. 당신은 이 ○○에 어떤 숫자를 기입하겠습니까?

정답

모든 결과는 새로 제안한 불안도 *AEA* 곡선, 기대도 *AEE* 곡선으로 설명할 수 있습니다.

(1) 14.3 달러. 트버스키와 폭스가 얻은 실험결과 14달러와 거의 완전히 일치합니다.

(2) 85.6달러. 트버스키와 폭스가 얻은 실험결과 78달러와 8달러의 차이가 날 뿐입니다.

(3) 14.3달러. 트버스키와 폭스가 얻은 실험결과 8달러와 6달러의 차이가 날 뿐입니다.

(4) 85.6달러. 트버스키와 폭스가 얻은 실험결과 84달러와 2달러의 차이가 날 뿐입니다.

●해설● ● ● ● ● ●

당첨될 확률 P에 이론적으로 명확하게 대응한 이익이나 손실은 불분명하므로, 각각 기대도 *AEE* 곡선이나 불안도 *AEA* 곡선을 이용합니다. 각 설문에 대해 어떤 숫자를 기재할지는 이 기대도 *AEE* 곡선이나 불안도 *AEA* 곡선에 근거하여 판단하게 됩니다. (1)과 (2)의 경우에는 돈을 버는 경우이므로, 최대치 100달러를 버는 기대도 *AEE* 곡선을, (3)과 (4)의 경우에는 돈을 지불하는 경우이므로, 최대치 100달러를 취하는 불안도 *AEA* 곡선을 **그림-4**처럼 그립니다. (1)과 (2)의 경우 기대도 *AEE* 곡선과 (3)과 (4)의 경우 불안도 *AEA* 곡선의 곡선 그 자체는, 최대치는 100달러로 동일하므로 동일한 곡선이 됩니다.

표-1 도박(Fourfold)과 선호(Winning)

	Tversky and Fox (1995) $C(x, P)$:median certainty equivalent of prospect(x, P)	Author(based on new equation)
도박(a) (b) (c) (d)	C($100, 0.05)=$14 C($100, 0.95)=$78 C(−$100, 0.05)=−$8 C(−$100, 0.95)=−$84	($100, 0.05)=$14.3 ($100, 0.95)=$85.6 (−$100, 0.05)=−$14.3 (−$100, 0.95)=−$85.6
선호(a) (b) (c)	($30, 1.0)>($45, 0.80) ($45, 0.20)>($30, 0.25) ($100, 1.0)>($200, 0.50)	($30, 1.0)=$30> 　($45, 0.80)=28.2 ($45, 0.20)=$16.2> 　($30, 0.25)=$12.2 ($100, 1.0)=$100 　=($200, 0.50)=$100

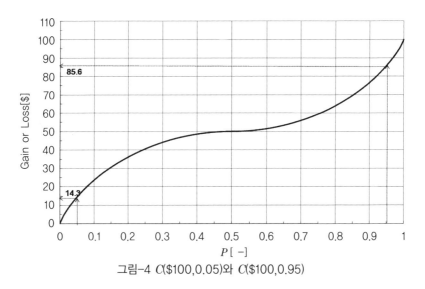

그림-4 C($100,0.05)와 C($100,0.95)

(1)의 경우에는 당첨될 확률 P가 0.05를 지나가는 세로축에 평행 직
선과 기대도 AEE 곡선의 교점이 보여주는 기대도 AEA 곡선의

세로축의 값을 구하면 14.3달러가 되어, 14달러로 응답할 것으로 추측됩니다.

(2)의 경우에는 당첨될 확률 P가 0.95를 지나가는 세로축에 평행 직선과 기대도 AEE 곡선의 교점이 보여주는 기대도 AEE 곡선의 세로축의 값을 구하면 85.6달러가 되어, 86달러로 응답할 것으로 추측됩니다.

(3)의 경우에는 당첨될 확률 P가 0.05를 지나가는 세로축에 평행 직선과 불안도 AEA 곡선의 교점이 보여주는 불안도 AEA 곡선의 세로축의 값을 구하면 14.3달러가 되어, 14달러로 응답할 것으로 추측됩니다.

(4)의 경우에는 당첨될 확률 P가 0.95를 지나가는 세로축에 평행 직선과 불안도 AEA 곡선의 교점이 보여주는 불안도 AEA 곡선의 세로축의 값을 구하면 85.6달러가 되어, 86달러로 응답할 것으로 추측됩니다.

이처럼 기대도 AEE 곡선이나 불안도 AEA 곡선에서 도출된 결과는, 트버스키와 폭스가 얻은 실험결과와 다소의 차이는 있지만, 트버스키와 폭스가 얻은 실험결과와 거의 일치한다고 생각됩니다. 실험 응답자는 자신도 모르는 사이에 마음속으로 앞에서 언급한 기대도 AEE 곡선이나 불안도 AEA 곡선을 그려서 응답하고 있는지도 모릅니다.

설문 2 어느 쪽 도박을 선호하는가? $I = AEE$

이어서 **표-1**의 선호(Winning)를 보시기 바랍니다. 설문은 다음의 세 가지입니다.

(1) 당신은 100%의 확률로 30달러 벌 수 있는 도박과, 80%의 확률

로 45달러를 벌 수 있는 도박이 있다면, 어느 쪽을 선택하겠습니까?

(2) 당신은 20%의 확률로 45달러 벌 수 있는 도박과, 25%의 확률로 30달러를 벌 수 있는 도박이 있다면, 어느 쪽을 선택하겠습니까?

(3) 당신은 100%의 확률로 100달러 벌 수 있는 도박과, 50%의 확률로 200달러를 벌 수 있는 도박이 있다면, 어느 쪽을 선택하겠습니까?

정답

(1) 100%의 확률로 30달러 벌 수 있는 도박을 선호한다. 트버스키와 폭스가 얻은 실험결과와 일치합니다.

(2) 20%의 확률로 45달러 벌 수 있는 도박을 선호한다. 트버스키와 폭스가 얻은 실험결과와 일치합니다.

(3) 양쪽 모두 동일한 기대도가 되어 어느 쪽이든 좋다. 트버스키와 폭스가 얻은 실험결과와 일치하지 않지만, 어느 쪽이든 괜찮으므로 50% 일치한다고 간주할 수 있습니다.

● 해설 ● ● ● ● ● ●

어느 설문이나 당첨될 확률 P에 이론적으로 명확하게 대응한 이익은 불분명하므로 기대도 AEE 곡선을 이용하여 결과를 도출할 수 있습니다.

(1)의 경우에는 최대치가 30달러와 45달러를 각각 취하는 2개의 기대도 AEE곡선을 **그림-5**처럼 그려, 각각 $P=1$ 및 $P=0.8$을 지나가는 세로축에 평행 직선이 각각의 기대도 AEE 곡선과 교차하는 점의 세로축 값을 구하면, ($30,1.00)=\$30$, ($45,0.80)=\$28.8$이 되어 100%의 확률로 30달러 벌 수 있는 도박이 기대도는 커지므로, 이쪽을 선호하는 것은 당연합니다.

이것은 트버스키와 폭스가 얻은 실험결과와 일치합니다.

(2)의 경우에는 최대치가 45달러와 30달러를 각각 취하는 2개의 기대도 AEE 곡선을 역시 **그림-5**처럼 그려, 각각 $P=0.2$ 및 $P=0.25$를 지나가는 세로축에 평행 직선이 각각의 기대도 AEE 곡선과 교차하는 점의 세로축의 값을 구하면, ($45, 0.20)=\$16.2$, ($30, 0.25)=\$12.2$이 되어, 20%의 확률로 45달러 벌 수 있는 도박이 기대도는 커지므로, 이쪽을 선호하는 것은 당연합니다. 이것도 트버스키와 폭스가 얻은 실험결과와 일치합니다.

그런데 주어진 조건에서 벗어나지만 ($30, 0.25)$를 ($30, 0.30)$으로 변화시킨 경우를 생각해 보겠습니다. 종래의 선형적 개념으로는 $\$30 \times 0.30 = \$9$가 되어 $\$45 \times 0.20 = \$9$와 같아지므로, 종래의 선형적 개념으로는 어느 쪽을 선호하는지 알 수 없지만, 기대도 AEE 곡선에서는 ($30, 0.30)=\$13.2$가 되고, 이 경우도 ($45, 0.20) > ($30, 0.30)$이 되어 ($45, 0.20)$를 선호할 것이 예상됩니다. 더욱이 ($30, 0.35)$로 했을 때는 종래의 선형적 개념으로는 ($45, 0.20)=\$9 < ($30, 0.35)=\$10.5$가 되어, ($30, 0.35)$를 선호할 것이 예상되지만, 기대도 AEE 곡선에서는 ($45, 0.20)=\$16.2 > ($30, 0.35)=\$14.0$이 되어, 역시 ($45, 0.20)$를 선호할 것이 예상됩니다.

(3)의 경우에는 최대치가 100달러와 200달러를 각각 취하는 2개의 기대도 AEE 곡선을 **그림-6**처럼 그려, 각각 $P=1$ 및 $P=0.50$을 지나가는 세로축에 평행 직선이 각각의 기대도 AEE 곡선과 교차하는 점의 세로축의 값을 구하면, 각각 100달러와 100달러이므로, 양쪽의 도박에 대한 기대도도 같아지므로 어느 쪽을 선호하든 상관없습니다.

트버스키와 폭스가 행한 실험의 응답자가 선택한 것은 100%의 확률로 100달러 벌 수 있는 도박으로, 이 결과만은 기대도 *AEE* 곡선에서의 결과와 일치하지 않았습니다. 이것은 틀림없이 실험의 응답자가 기대도와 같을지라도 아무것도 얻을 수 없게 될 가능성이 있는 경우를 기피한 결과로 여겨집니다.

앞에서와 같이 기대도 *AEE* 곡선을 이용하면 어느 쪽을 선호하는가를 쉽게 추측할 수 있다는 점을 이해했으리라고 생각합니다. 마찬가지로 불안도 *AEA* 곡선도 선호할 경우의 판단기준으로 이용할 수 있습니다.

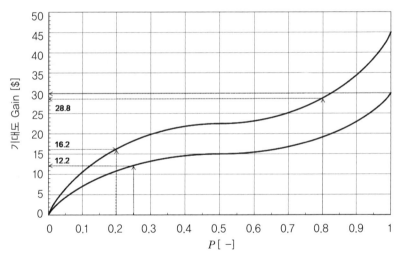

그림-5 ($30,1.00)=$30>($45,0.80)=$29와 ($45,0.20)=$16>
($30,0.25)=$12

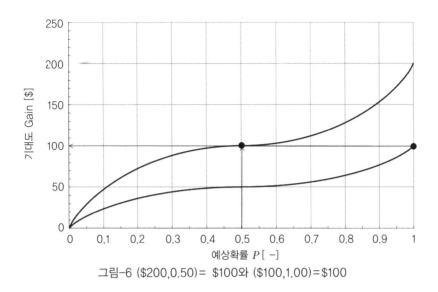

그림-6 ($200,0.50)= $100와 ($100,1.00)=$100

3-2 이런 결과는 생각할 수 없다!

설문 3 이런 모순된 응답을 하는 이유는? $I=AEE$

트버스키와 폭스는 또 이런 결과도 보여주고 있습니다. 스탠퍼드 대학교와 캘리포니아 대학교 버클리 캠퍼스의 풋볼 시합에 관해, 스탠퍼드 대학교 112명의 학생들에게 **표-2**에 보여주는 세 가지 조합에 관해 각각 어느 쪽에 승부를 걸겠는가 하고 설문하였더니, 표에 제시한 g_1보다 f_1, g_2보다 f_2, 그리고 f_3보다 g_3를 선호한 결과를 얻었다고 합니다. 더욱이 (f_1, f_2, g_3)를 선호한 사람들이 36%를 차지했다는 점입니다. 종래의 선형적 개념에 따르면, g_1보다 f_1, g_2보다 f_2를 선호한 사람들은 당연히 g_3보다 f_3를 선호하는 것입니다. 그러나 f_1과 f_2를 선호한 55명 중 64%의 사람들이 g_3를 선택했다고 합니다.

트버스키와 폭스는, 이 결과는 기존의 선형적 개념으로는 도저히 설명이 불가능하다고 하는데, 과연 이 결과를 기대도 AEE 곡선에 근거하여 설명할 수 있을까요? 이 결과를 설명하기 위해서는 스탠퍼드 대학교의 112명의 학생들이 사전에 생각하고 있던 각 사태의 발생확률을 추측할 필요가 있지만, 그 발생확률을 추측할 수 있다면 다행입니다. 그럼 그 발생확률이란 어떤 것이 좋을까요?

표-2 풋볼 시합의 세 가지 도박

Problem	Option	Events				Preference[%]
		A[$]	B[$]	C[$]	D[$]	
1	f_1	25	0	0	0	61
	g_1	0	0	10	10	39
2	f_2	0	0	0	25	66
	g_2	10	10	0	0	34
3	f_3	25	0	0	25	29
	g_3	10	10	10	10	71

Note　　A : Stanford wins by 7 or more points
　　　　B : Stanford wins by less than 7points
　　　　C : Berkly ties or wins by less than 7points
　　　　D : Berkly wins by 7 or more points
Preference: percentage of respondents that chose each option
　　　　(Tversky and Fox, 1995)

정답　학생들은 사태 A, B, C, D의 발생확률로 $P_A = 0.1$, $P_B = 0.4$, $P_C = 0.4$, $P_D = 0.1$을 사전에 생각하고 있었다면, 표-2의 결과는 명쾌하게 설명할 수 있습니다.

●해설●●●●●●

당첨될 확률 P에 이론적으로 명확하게 대응한 상금은 불분명하므로 기대도 AEE 곡선을 이용합니다. 학생들이 사전에 생각하고 있던 각 사태의 발생확률을 추측할 수 있다면, 기대도 *AEE* 곡선을 이용하여 이 결과는 제대로 설명할 수 있습니다. 필자가 여러 가지로 시도해 본 결과, 스탠퍼드 대학교의 112명의 학생들이 사태 A, B, C, D의 발생확률로 $P_A=0.1$, $P_B=0.4$, $P_C=0.4$, $P_D=0.1$을 처음부터 가지고 있었다고 생각하면 모두 제대로 설명할 수 있다로 귀결됩니다. 벌 수 있는 상금은 10달러나 25달러이므로, 최대치를 10달러 및 25달러를 각각 취하는 기대도 *AEE* 곡선을 **그림-7**처럼 그립니다.

f_1의 값은 최대치 25달러의 기대도 *AEE* 곡선에 대한 $P=0.1$의 값 5.86달러이며, g_1의 값은 최대치 10달러의 기대치 곡선에 대한 $P=0.5(=0.1+0.4)$의 값 4.85달러이므로 당연히 f_1을 선호하는 사람들이 많아지게 마련이며, 트버스키와 폭스의 결과와 일치합니다.

또 f_2의 값은 최대치 25달러의 기대도 *AEE* 곡선에 대한 $P=0.1$의 값 5.86달러이며, g_2의 값은 최대치 10달러의 기대도 곡선에 대한 $P=0.5(=0.1+0.4)$의 값 5.00달러이므로 당연히 f_2를 선호하는 사람들이 많아지게 마련입니다.

이 결과도 트버스키와 폭스의 결과와 일치합니다.

그리고 f_3의 값은 최대치 25달러의 기대도 *AEE* 곡선에 대한 $P=0.2(=0.1+0.1)$의 값 9.02달러이며, g_3의 값은 최대치 10달러의 기대치 곡선에 대한 $P=1$의 값 10달러이므로 당연히 g_3를 선호하는 사람들이 많아져, 이것도 트버스키와 폭스의 결과와 일치합니다.

이처럼 사전에 상황 A, B, C, D의 발생확률로 $P_A=0.1$, $P_B=0.4$, $P_C=0.4$, $P_D=0.1$이 판단의 기초가 되어 있다는 점을 고려하면, 트버스키와 폭스의 실험으로 얻어진 결과에는 아무런 모순도 없다는 점이, 기대도 *AEE* 곡선을 이용하여 제대로 설명할 수 있습니다. 이처럼 응답결과를 토대로 사전에 생각하고 있던 각 사태의 발생확률을 추측하는 것도 가능하다는 점을 알 수 있습니다.

더욱이 f_3보다도 g_3를 선호한 이유의 하나로는, 아무것도 얻을 수 없게 될 가능성이 있는 경우를 기피하는 점도 반영된 결과라고 생각할 수도 있습니다.

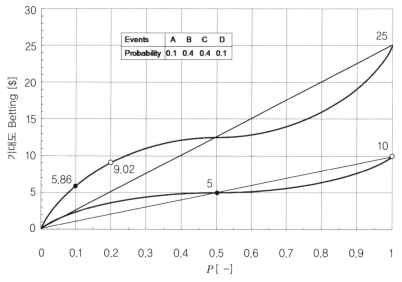

그림-7 학생들이 제시한 도박률의 합리성

"4"
기대도 AEE 곡선,
불안도 AEA 곡선의 활용

4-1 합격점은 60점

설문 4 학교 시험 등의 합격점은 왜 60점 이상인가? $I=AEE$

학교 등에서는 시험 성적이 60점 이상이면 합격, 그 이하이면 불합격
으로 처리하고 있는데, 이 60점이라는 기준은 어떻게 설정되었다고 생
각하면 좋을까요?

> **정답**　주관적 성적 51점에 해당하는 객관적 성적이라고 여겨진다.

●해설● ● ● ● ● ●

대부분의 학교에서는 득점이 60점 이상이면 합격, 그 이하이면 불합
격으로 처리합니다. 이런 경우는 두 계층분류에 해당합니다. 여기서 성
적을 판정하는 담당자는 자신이 출제한 문제의 절반 이상을 답할 줄 알
면 합격으로 여기고 있는 것 같습니다. 이런 경우의 절반 이상이란 것
은 주관적으로 보아 절반 이상입니다. 담당자는 학생이 취득한 객관 득
점을 주관 득점으로 변환하여, 주관 득점이 절반 이상이면 합격으로 여

긴다는 것입니다. 득점은 통상적으로는 정수이므로, 주관 득점 기준을 51점 이상을 합격점으로 처리한다고 생각하면, **그림-8**에서 보여주는 것처럼 주관 득점 51점에 대응하는 객관 득점은 58.7점과 60점에 지극히 가까운 값이 되며, 객관 득점이 60점 이상이면 합격으로 처리하는 것은 주관적으로 절반 이상 답할 수 있다면 합격으로 처리하는 점에 대응하여, 60점을 기준으로 삼는 이유를 설명할 수 있습니다. 그런데 학교 등에서는 성적을 우(優), 양(良), 가(可), 불가(不可)로 채점하는 곳이 많은 것 같습니다. 주관 득점에 대한 51~100을 3등분하면 각 계층의 주관 득점 범위는 100~83.7, 83.7~67.3, 67.3~51이 되며, 대응하는 객관 득점 범위는 100~94.0, 94.0~83.2, 83.2~58.3이 됩니다. 따라서 대략적으로 객관 득점이 100~95점을 우(優), 94~81점을 양(良), 80~60점을 가(可)로 채점하는 것이 거의 주관적인 평가와 일치한다는 점을 알 수 있습니다(실제로 이처럼 판정하고 있는 학교도 적지 않지만, 교육적 배려 및 간단명료함 때문에 100~81점을 우(優), 80~71점을 양(良), 70~60점을 가(可)로 처리하는 학교도 있는 것 같습니다). 이 점은 너무나 잘 알려진 사실입니다.

이처럼 인간은 주관 평가치를 균등하게 분류하여 계층분류를 하는 수가 많으므로, 계층으로 분류된 결과를 해석하는 경우에는 주관 평가치와 객관 평가치 간의 변환을 정확하게 검토할 필요가 있습니다.

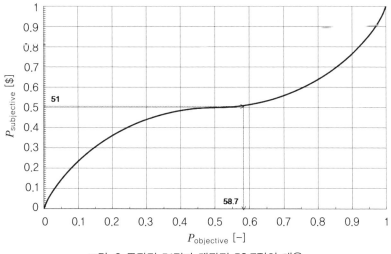

그림-8 주관적 51점과 객관적 58.7점의 대응

얼마 전 TV 방송에서 다음과 같은 보도가 있었습니다. 어떤 사람에게 10달러 지폐 10장을 보여주고 "이 지폐를 당신과 다른 사람 둘이서 원하는 대로 나누어 가지세요. 당신 이외의 다른 사람이 어떤 사람인지 전혀 알 수 없습니다. 물론 10장을 전부 당신이 가져도 상관없으며, 또 10장 전부를 다른 사람에게 주어도 됩니다"라고 했더니, 일본인의 경우 평균적으로 자신이 56달러를 가지고, 다른 사람에게는 44달러 주었다고 합니다. 이 사실도 누군지 전혀 알 수 없는 사람과 나누는 재량을 자신이 부여받으면, 절반 이상은 자신이 가져야 한다고 생각하여 주관적으로 0.505(~0.51)를 기준으로 여겼다고 생각할 수 있습니다. **그림-3**에서 $P=0.505$일 때의 기대도 AEE 곡선 값은 0.56입니다. 또 동일한 문제에 관한 전 세계 사람들의 평균은 자신이 53달러를 가지고, 다른 사람에게는 47달러를 주는 결과가 나왔다고 합니다. 이런 경우도 누군지 알 수 없는 사람과 나누는 재량이 자신에게 주어졌다면 절반 이상은 자신이 가져야 한다고 생각하여 주관적으로 0.501을 기준으로 여겼다고 생각할 수 있습니다. 그림-3에서 $P=0.501$일 때의 기대도 AEE 곡선의 값은 0.53입니다.

4-2 소문이 꼬리를 물고 확산되면 결국에는?

설문 5 '그것은 85%의 확률이야'라는 소문이 꼬리를 물고 끊임없이 확산되면 결국에는 몇 %가 될까? $I=AEE$

어떤 상황이 발생할 확률에 대한 소문이 꼬리를 물고 끊임없이 확산되면 결국에는 어떤 상황이 될까요?

정답 어떤 경우이든 확률 50%로 받아들이게 됩니다.

● 해설 ● ● ● ● ● ●

예를 들어 '소문에 의하면 이번 소동으로 영향을 받은 사람은 85%라고 하던데요'라는 말을 들은 사람은, 이 85%를 객관확률로 파악하여 그림-3에 따라 주관적으로는 70% 정도로 느낍니다. 이어서 그 사람이 이번에는 '이번 소동으로 영향을 받는 사람은 70%라고 하던데요'라고 하며 다른 사람에게 전하면, 전달받은 사람은 70%를 객관확률로 파악하여 그림-3에 따라 주관적으로 56% 정도로 느낍니다. 더구나 그 사람이 '이번 소동으로 영향을 받는 사람은 56%라고 하던데요'라고 다른 사람에게 전달하면, 전달받은 사람은 56%를 객관확률로 파악하고, 또 그림-3에 따라 주관적으로는 50% 정도로 느끼게 됩니다. 이처럼 동일한 정보라도 반복하면 주관적 확률로 50%로 받아들입니다. 물론 '소문에 의하면 이번 소동으로 영향을 받은 사람은 20%라고 하던데요'로 시작하는 경우에도 동일하게 반복하면 주관적 확률로서 50%로 받아들이게 됩니다. 그림-9는 하나의 예로서 시삭이 75%와 20%인 경우를 보여주고 있지만, 어느 것이나 최종적으로는 50%로 받아들이게 됩니다. 이것을 잘 이용하면 자기에게 유리한 여론조작도 가능해집니다. 예를 들면 자기에게 불리한 현상에 대해 높은 확률이 제시되었을 때는, 잇달아 소문을 내면 50%까지는 떨어뜨릴 수 있으며, 자신에게 유리한 현상에 대해 낮은 확률이 제시되었을 때는 잇달아 소문을 내면 50%까지는 높일수가 있다는 것입니다. 이 점도 우리가 평소 경험하고 있는 일입니다. 따라서 신문 등의 정보는 신경을 써서 제대로 판단할 필요가 있습니다.

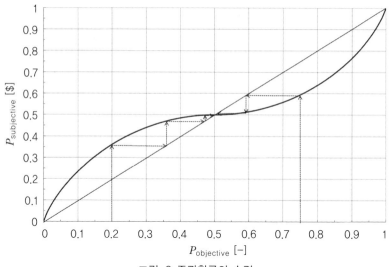

그림-9 주관확률의 수렴

설문 6 어떤 대상을 주관적 평가치에 따라 3, 5, 7, 9, 11 계층으로 분류할 때의 대응하는 객관확률(객관비) 축상(軸上)의 범위 (폭)를 그림으로 나타내시오.

$$I=AEE$$

정답 객관확률 폭과 주관확률 폭의 비(比)는 그림-10처럼 됩니다.

● 해설 ● ● ● ● ● ●

주관확률을 균등하게 분류했을 때의 대응하는 객관확률(객관비) 축 위의 범위(폭)를 순번으로 정리하면 **표-3**처럼 됩니다.

표-3 계층분류했을 때의 객관확률 폭

Count of class	Number of classes in classification of n classes				
	$n=11$ (1/11=0.091)	$n=9$ (1/9=0.111)	$n-7$ (1/7=0.143)	$n-5$ (1/5=0.2)	$n-3$ (1/3=0.333)
1st	0.028	0.036	0.05	0.079	0.174
2nd	0.041	0.057	0.085	0.164	0.652
3rd	0.057	0.082	0.146	0.514	0.174
4th	0.077	0.132	0.438	0.164	
5th	0.121	0.387	0.146	0.079	
6th	0.324	0.132	0.0085		
7th	0.121	0.082	0.05		
8th	0.077	0.057			
9th	0.057	0.036			
10th	0.041				
11th	0.028				

이 결과를 가로축으로 계층분류했을 때의 계층의 순번, 세로축으로

각 계층의 주관확률(주관비율) 축 위에 대한 폭을 객관확률(객관비율) 축 위에 대한 폭으로 나눈 값을 취하여 그림으로 나타내면 그림-10처럼 됩니다. 세로축 값이 1보다 작으면 그 계층의 주관확률의 폭은 객관확률 축위에 대한 폭보다 작다는 점을, 또 세로축의 값이 1보다 크면 그 반대가 된다는 점을 보여주고 있습니다. 어느 계층분류이든 중간층일수록 객관확률(객관비) 축 위의 폭이 커졌다는 점을 알 수 있습니다. 이런 결과는 설문 결과에 잘 나타난다는 것은 이미 잘 알려진 사실입니다. 이로 보아 주관적 평가치로 계층분류된 사항을 검토할 때는 이 점에 충분히 유의할 필요가 있습니다.

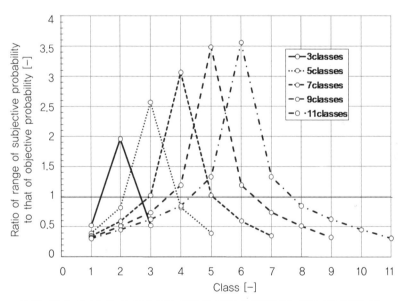

그림-10 3, 5, 7, 9, 11 계층으로 분류한 경우의 객관확률 폭과 주관확률 폭

즉 주관확률이나 주관비율에 근거하여 계층분류된 결과를 검토할 때는, 대상으로 삼은 주관 평가치를 객관 평가치로 변환하여 논의하는 것이 반드시 필요하다는 점을 강조하고 싶습니다.

제2장

활용

1. 불안도 *AEA* 곡선·기대도 *AEE* 곡선을
   그대로 이용하는 경우

2. 불안도 *AEA* 곡선·기대도 *AEE* 곡선에
   추가로 관계곡선을 도입할 경우

여기서는 불안도 AEA 곡선이나 기대도 AEE 곡선을 이용한 의사결정 방법과 결과를 먼저 언급하고, 이어서 불안도 AEA 곡선이나 기대도 AEE 곡선에 또 다른 함수곡선도 도입하는 의사결정 방법과 결과를 독자들에게 설문을 하는 방법으로 설명하겠습니다.

또 다음 예문처럼 독자의 입장에서 설문을 만들어 정답을 이끌어낼 것을 권합니다. 설정 조건은 어떻게 바꾸면 좋을지, 또 변수 n값이 필요하다면 그 값을 어떻게 설정하면 좋을지 생각해 보시기 바랍니다. 정답은 설정한 조건에 대응하여 이 책에서 준비한 그림(예를 들면 그림-1부터 그림-8까지)을 이용하면 얻을 수 있습니다. 또 각각의 설문의 테마는 또 다른 어떤 테마로 바꿀 수 있는지도 생각해 보시기 바랍니다.

그러면 논의를 진행하기 전에 다음에 등장하는 인물들의 상황을 제시하겠습니다.

A씨 : 화학제품 제조회사 CEO로서 자산 2억 원의 부유층으로 2,000m²의 토지를 소유하고 있으며, 자유롭게 사용할 수 있는 여웃돈은 500만 원.

B씨 : 자산 5천만 원의 중간층으로 400m²의 토지를 소유하고 있으며, 자유롭게 사용할 수 있는 여웃돈은 62만 5천 원.

C씨 : 연금 생활자로 자산 2천만 원의 빈곤층으로 300m²의 토지를 소유하고 있으며, 자유롭게 사용할 수 있는 여웃돈은 50만 원.

설문 번호는 앞으로도 계속 이어서 표기합니다.

"1"

불안도 *AEA* 곡선·
기대도 *AEE* 곡선을
그대로 이용하는 경우

여기서는 인간은 대상으로 하는 상황의 가치와 그 발생확률에 근거한 불안도 *AEA* 곡선이나 기대도 *AEE* 곡선을 무의식 중에 내면에 그려서 의사결정을 하고 있다는 점을 설명하겠습니다.

1-1 개선책 실시 여부의 판단

설문 7 개선책의 성공확률이 얼마 이상이면 그 개선책을 실시해야 하는가?

$$I = AEE$$

이것은 A씨에 관한 설문입니다. A씨의 화학제품 제조회사에서는 현시점에서 연간 4,000만 원의 순이익을 올릴 수 있는 제조 프로세스를 가동하고 있습니다. 그러나 그 프로세스 중에는 개선해야 할 곳이 있는데, 그 개선책도 제안 받았습니다. 만약 그 개선책을 채택하여 완전히 개선할 수만 있다면 순이익은 1억 원으로 증가합니다. 그러면 A씨는 그 개선책의 성공확률이 어느 정도 이상으로 예상할 수 있을 때 개선에 착수해야 할까요?

정답 성공확률 $P>0.24$로 예상할 수 있는 경우에 개선책을 채택하여 개선에 착수해야 합니다. 또 성공확률 $P≤0.24$로밖에 예상할 수 없는 경우에는 개선책을 채택하지 말고 현 상태 그대로 놔둬야 합니다.

●해설●●●●●●

예상할 수 있는 개선책의 성공확률 P에 이론적으로 명확하게 대응한 이익은 불분명하므로, 기대도 AEE 곡선을 이용합니다. 그래서 예상할 수 있는 개선책의 성공확률 P를 가로축에 놓고, 최대치가 1억 원이 되는 기대도 AEE 곡선을 그림-11처럼 그립니다. 그리고 세로축 위의 값이 현시점에 대한 순이익 4,000만 원과 일치하는 점을 지나 가로축으로 평행 직선을 긋습니다. 그러면 그 직선은 앞의 기대도 AEE 곡선과 교차합니다. 그 교점을 지나 이번에는 세로로 평행 직선을 그어, 그 직선이 가로축을 가로지르는 성공확률 값을 읽으면 $P=0.24$가 됩니다. 즉 개선책의 성공확률이 $P>0.24$로 예상할 수 있다면, 개선 후 얻을 수 있는 순이익은 현시점의 4,000만 원보다 커지므로, 개선책을 실시해도 된다(리스크 추구 : Risk seeking)고 판단하는 것입니다. 반대로 $P≤0.24$로밖에 예상할 수 없다면, 개선 후 얻을 수 있는 순이익은 현시점의 4,000만 원 이하가 되므로, 개선책을 실시할 의미가 없어지게 되어, 개선책을 실시하지 않는다(리스크 회피 : Risk aversion)고 판단해야 한다는 것입니다.

물론 개선책의 성공확률을 예상할 때에는 그와 관련된 온갖 정보를 수집하여 판단할 필요가 있습니다. CEO인 A씨에게 사운이 걸려 있는

셈이므로, 신중하게 개선책의 성공확률을 추정하여 정량적으로 판단할 필요가 있습니다 온갖 정보를 수집하여 개선책의 성공확률을 추정할 때, 객관적 성공확률 값이 정해지는 일 없이, 대부분의 경우는 최종적으로 주관적으로 성공확률을 추측하게 되므로, 추측한 주관적 성공확률을 그림-3에 근거하여 객관적 성공확률로 변환한 후 논의해야 할 가능성이 있다는 점에도 유의해야 합니다.

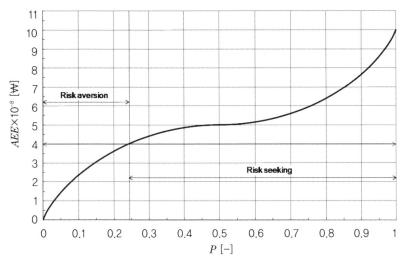

그림-11 기대도 AEE 곡선에 근거한 리스크 추구와 리스크 회피

1-2 개선에 필요한 비용과 이익

설문 8 필요경비도 고려하여 개선책의 성공확률이 어느 정도라면 개선책을 실시해야 하는가? (1)

$$I = AEE$$

이것도 A씨와 관련된 설문입니다. A씨 회사에서 가동하고 있는 제조 프로세스 중에는 개선해야 할 곳이 있어서 그 개선책도 제안 받았는데, 만약 그 개선책을 채택하여 완전히 개선할 수 있다면 순이익은 현재까지보다 연간 1,000만 원 증가합니다. 그러나 그 개선책을 실시하기 위해 필요한 경비는 그 개선책의 성공확률에 비례하여 증가하며, 최종적으로 완전히 개선책이 달성되었을 때에는 9,000만 원에 달합니다. 그리고 그 개선을 위한 필요경비는, 앞으로 10년간에 걸쳐 회수되어야 합니다. A씨는 이 개선을 단행해야 할까요? 개선책의 성공확률과 관련이 없는 결론을 내 보시기 바랍니다.

> **정답**
> 개선책은 단행해서는 안 됩니다. 그러나 개선책의 성공확률도 고려할 경우는 개선책의 성공확률이 $0 < P < 0.55$ 또는 $P > 0.95$로 예상할 수 있는 경우에는 개선책을 단행해도 됩니다. 또 개선책의 성공확률이 $0.55 \leq P \leq 0.95$로 예상되는 경우에는 개선책은 단행해서는 안 됩니다.

●해설●●●●●●

예상할 수 있는 개선책의 성공확률 P에 이론적으로 명확하게 대응한 이익은 불분명하므로 기대도 AEE 곡선을 이용합니다. 먼저 개선책이 성공하여 완전히 개선되었다면 10년 동안에 얻는 순이익은 $10 \times 1,000 = 1$억 원입니다. 그래서 이 값을 최대치로 하는 기대도 AEE 곡선을 그림-12처럼 그립니다. 이어서 개선책의 성공확률에 비례하여 개선을 위한 필요경비기 들게 되므토, 원섬을 지나 $P=1$에서 900만원을 지나가는 직선을 긋습니다.

그림에서처럼 이 직선은 분명하게 기대도 AEE 곡선과 $P=0.55$와 $P=0.95$의 두 점에서 교차합니다. 이것은 P가 $0<P<0.55$에서는 기대도가 개선을 위한 필요경비보다 커져서 바람직하므로, 개선책의 성공확률이 이 범위에 수용된다는 점이 예상될 때는 개선책을 단행해도 된다는 것입니다. 한편 $5.5≤P≤0.95$에서는 개선을 위한 필요경비가 기대도보다 커져서 불안하므로, 개선책의 성공확률이 이 범위가 된다는 것이 예상될 때는 개선책은 단행해서는 안 됩니다. 물론 개선책의 성공확률이 $P>0.95$로 예상한다면 기대도가 개선을 위한 필요경비보다 켜져서 바람직하므로, 개선책을 단행해도 된다는 것입니다.

그러나 이 설문의 개선책의 성공확률과 관련없는 결론으로는, 이 개선책을 단행해서는 안 됩니다. 여기서 조금 의견을 바꾸어, 개선책을 실시하기 위한 필요경비가 어느 정도라면 개선책의 성공확률에 관계없이 개선책을 단행해도 되는가를 생각해 보겠습니다. 즉 개선을 위한 필요경비가 이익보다 항상 적어지는 한계를 구해 보는 겁니다. 그 한계는 원점을 지나가는 직선이 기대도 AEE 곡선의 접선이 되는 경우입니다. 이 경우에 직선이 $P=1$에서 세로축을 가로지르는 값은 기대도 AEE 곡선의 최대치 792.5만 원입니나. 바꿔 말하자면 최종 이익의 79.25% 이하가 허용되는 개선을 위한 필요경비인 경우에 한하여 개선책의 성공확률에 관계없이 개선책을 단행해도 된다는 것입니다.

앞의 설문에서 최종적인 필요 개선비는 900만 원으로, 분명히 792.5

만 원을 초과하므로 개선책의 성공확률 여하에 관계없는 결론을 낸다면 이 개선책은 단행해서는 안 된다는 점을 확인할 수 있습니다.

개선책의 성공확률을 예상할 때에는 당연하게 그와 관련된 온갖 정보를 수집하여 판단해야 합니다. 추측할 때의 유의점은 앞의 설문의 경우와 같습니다.

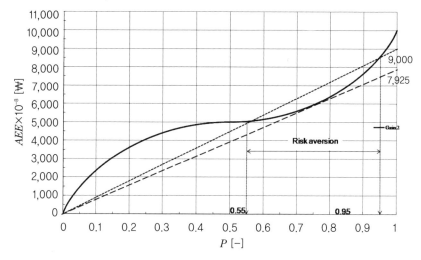

그림-12 기대도 AEE 곡선과 필요 개선비 (1)

1-3 개선에 필요한 비용과 개선책 실시 여부를 판단함

설문 9 필요경비도 고려하여 개선책의 성공확률이 어느 정도라면
개선책을 실시해야 하는가? (2)

$$I=AEE$$

이것도 A씨와 관련된 설문입니다. A씨의 회사에서는 어떤 제조 프로세스를 가동하고 있는데, 그 중에는 개선해야 할 곳과 그 개선책도 제안 받았습니다. 그 개선을 성공시키기 위해 필요한 경비는 그 개선책의 성공확률에 비례하여 증가하며, 최종적으로 완전히 개선이 달성되었을 때에는 9,000만 원이나 됩니다. 그러나 그 개선책을 채택하여 완전히 개선할 수만 있다면 순이익은 현재의 500만 원에서 1억 원으로 증가합니다. 그러면 A씨는 그 개선책의 성공확률이 어느 정도 이상으로 예상할 때 개선책을 채택하여 개선에 착수해야 할까요?

정답 성공확률 $P>0.95$가 예상되는 경우에 개선에 착수할 수 있습니다.

●해설●●●●●●

예상할 수 있는 개선책의 성공확률 P에 이론적으로 명확하게 대응한 이익은 불분명하므로, 기대도 AEE 곡선을 이용합니다. 그래서 예상할 수 있는 개선책의 성공확률 P에 대해 최대치가 1억 원이 되는 기대도 AEE 곡선을 그림-13처럼 먼저 그립니다. 그리고 원점을 지나 개선 성공확률 $P=1$에서 9,000만 원을 지나가는 직선을 긋습니다. 그러면 그 직선은 기대도 AEE 곡선과 $P=0.55$와 $P=0.95$의 두 점에서 교차합니다. P가 $0<P<0.55$에서는 기대도가 개선을 위한 필요경비보다 커져 바람직하지만, $P=0.55$에 대한 이익이 거의 5,000만 원이므로 개선할

의미는 거의 없습니다. 또 $0.55 \leq P \leq 0.95$에서는 개선을 위한 필요경비가 기대도보다 커져 불안하므로 개선하는 것은 단념해야 합니다. 그러나 $0.95 < P$에서는 기대도가 개선을 위한 필요경비보다 커져 바람직하므로 개선에 착수해도 됩니다. 결론은 예상할 수 있는 개선 성공확률이 $0 < P < 0.95$의 범위가 될 경우에는, 개선에 착수하는 것은 중단하는 것이 좋지만, 예상할 수 있는 개선 성공확률이 $0.95 < P$인 경우에는 개선책을 단행해도 됩니다. 물론 여기서 주의해야 할 점이 있습니다. 앞서 언급한 것처럼 먼저 현재의 순이익과 기대되는 순이익부터 개선책을 실행해야 할 개선 성공확률을 구하고, 더 나아가 설문에 있는 개선을 위한 필요경비와 기대되는 순이익으로 개선책을 실행해야 할 개선 성공확률을 구하여, 그 이상의 개선 성공확률을 예상할 수 있는지의 여부에 따라 개선책의 단행 여부를 결정한다는 것입니다.

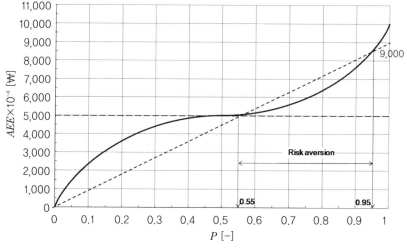

그림-13 기대도 AEE 곡선과 개선 필요 경비 (2)

개선책의 성공확률에 관해 유의해야 할 사항은 앞에서의 설문의 경우와 동일합니다.

1-4 개선점의 우선순위

설문 10 개선책 우선순위는 어떻게 정하는가?

$$I = AEA$$

이것도 A씨와 관련된 설문입니다. A씨 회사에서 가동하고 있는 제조 프로세스 중에는 사고 발생이 우려되기 때문에 개선해야 할 유닛이 두 곳(유닛 1, 유닛 2) 있습니다. 각각의 유닛이 사고를 일으킬 확률은 유닛 1이 $P_1 = 0.2$, 유닛 2가 $P_2 = 0.8$로, 유닛 1의 가치 V_1은 유닛 2의 가치 V_2의 2배입니다. 이런 경우, 어느 쪽 유닛을 먼저 개선해야 할까요?

정답 유닛 1을 먼저 개선해야 합니다.

●해설●●●●●●

예상할 수 있는 사고 발생확률 P에 이론적으로 명확하게 대응한 손실은 불분명하므로 불안도 AEA 곡선을 이용합니다. 각각의 유닛의 가치인자는 각각 $V_1 = 2$, $V_2 = 1$로 둘 수 있으므로, 먼저 유닛 1의 불안도 AEA 곡선은 최대치 2를, 유닛 2의 불안도 AEA 곡선은 최대치 1을 취하도록 **그림-14**처럼 그립니다. 또 각각의 유닛에서 사고가 발생할 확률이 각각 $P_1 = 0.2$, $P_2 = 0.8$이므로, 유닛 1의 불안도 AEA 곡선에서는 사고 발생확률 $P_1 = 0.2$를 지나 세로축에 평행 직선을, 유닛 2의 불안도 AEA 곡선에서는 사고 발생확률 $P_2 = 0.8$을 지나 세로축에 평행 직선을 긋고, 각각의 불안도 AEA 곡선과 교차하는 점을 지나 가로축에 평행 직선을 그어 그 세로축 위의 값, 즉 각각의 사고가 발생할 확률에 대한 불안도를 구하면, 유닛 1의 경우에는 $AEA_1 = 0.72$, 유닛 2의 경우에는 $AEA_2 = 0.64$가 되어, 유닛 1이 불안도는 높은 값을 취합니다. 따라서 불안도가 높은 유닛 2의 개선 우선순위는 높아집니다.

그러나 종래의 선형적 개념, 즉 원점과 $P=1$에 대한 최대치를 직선으로 연결한 관계(그림 속의 점선)에 따르면, 유닛 1은 $P=0.2$에 대한 가로축의 값이 0.40, 유닛 2는 $P=0.8$에 대한 세로축의 값이 0.80이 되어, 유닛 2가 불안도가 높아지므로, 유닛 2가 개선 우선순위는 높다는 반대의 결과가 나옵니다. 이처럼 단순하게 선형적인 개념으로 얻을 수 있는 결과와, 인간이 느끼는 불안 정도에 근거하여 얻을 수 있는 결과가 역전되는 일이 흔합니다. 인간이 느끼는 불안을 제거하는 것을 중요시하면 불안도 AEA 곡선에 따라 우선순위를 정해야 합니다.

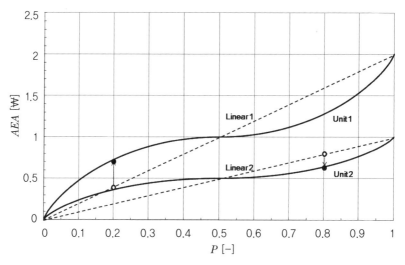

그림-14 개선점의 우선순위

1-5 원자력발전소 사고의 불안도

설문 11 원자력발전소 사고의 총 피해액은 얼마인가?

$$I = AEA$$

이것은 A씨와 관련된 설문입니다. 2011년 3월 11일 일본에 발생한 강도 9.0의 강력한 지진으로 인한 대규모의 쓰나미로 엄청난 피해를 입었습니다. 특히 쓰나미 영향으로 발생한 후쿠시마 원자력발전소의 사고는 멜트다운이라는 심각한 결과를 초래하였습니다. A씨는 이 지진으로 인한 피해가 어느 정도나 되는지 염려되어 걱정됩니다. 현재까지 원자력발전소의 수명을 가령 40년으로 했을 경우에 그 운전 기간 중에 심각한 사고가 발생할 확률은, 후쿠시마 원자력발전소에서 10만분의 1.71로 여겼던 것 같습니다. 후쿠시마 원자력발전소 사고로 인한 피해액은, 피난 주민들의 배상액 약 10조엔, 오염수 정화비용 약 20조엔, 원자로 가동연수 단축으로 인한 피해액 약 15조엔, 기타 관광산업·수출식품산업의 피해액 약 20조엔, 기타 피해액을 종합하여 약 84조엔에 이를 가능성이 있다는 점이 지적되었습니다. 그러면 이런 경우의 사고 발생확률이 1일 때의 피해액은 어느 정도일까요?

> **정답**
>
> 약 57경(京)엔의 피해액입니다.

● **해설** ● ● ● ● ● ●

예상할 수 있는 사고 발생확률에 이론적으로 명확하게 대응한 손실은 불분명하므로 불안도 AEA 곡선에 근거하여 논의하게 됩니다. 이 확률 10만분의 1.71인 경우의 불안도는 이미 **그림-4**에서 0.000148로 지극히 작은 값이 추정됩니다. 이 값이 이번 원자력발전소 사고의 가치가

84조엔에 해당하므로 사고 발생확률 1에서는 84조엔/0.000148 =
567567.6조엔=56.8경(京)엔이 되어 약 57경엔의 피해액이 발생한 셈
입니다.

즉 후쿠시마 원자력발전소 사고의 경우, 불안도 *AEA* 곡선은 최대치
57경엔이 되는 곡선이라는 의미입니다. 40년에 1회의 확률로 예상되는
사고로 인해, 최대치 57경엔의 불안도 *AEA* 곡선에 근거한 검토를 해
야 한다는 점은, 크나큰 논쟁을 불러일으킬 것입니다.

2

불안도 *AEA* 곡선·
기대도 *AEE* 곡선에
추가로 관계곡선을 도입할 경우

인간의 삶에는 항상 불안과 기대가 교차하기 마련입니다. 인간이 대응하는 상황은 무수한 원인으로 가득 차 있는데, 이러한 원인은 여러 갈래로 갈라져 얽히고 설켜 있습니다. '불안'의 반대 단어로는 '안심'이나 '안녕', '기대'의 반대 단어로는 '우려'가 있습니다. 그러나 어떤 상황 발생에 불안이나 우려를 느낀 경우에도, 뒤집어보면 그 상황을 의식하지 않았을 때와 비교하면 안심이나 안녕의 정도 또는 기대의 정도가 조금 줄어들었을 뿐이며, 아직도 어느 정도의 안심이나 안녕 또는 기대는 남아 있다고 여겨지므로, 어떤 사태 발생에 관해서도 긍정적인 관점으로 논의할 수 있습니다.

인간이 느끼는 불안이나 기대의 정도는 상황이 발생할 발생확률에 대해 불안도 *AEA* 곡선이나 기대도 *AEE* 곡선으로 나타낼 수 있다는 점은 이미 앞에서 언급하였습니다. 그러면 불안도가 0이 되는 발생확률 0을 구하고자 하는 것도, 기대도가 1이 되는 발생확률 1을 구하고자 하는 것도 당연하지만, 항상 발생확률 0이나 1을 지속적으로 구하며 행동하는 것이 가장 좋은 방법일까요?

이제까지 우리들은 어떤 한 가지 상황에 대해 어떤 한 가지 장면부터 파악하여 이야기를 진행해 왔는데, 실제로는 하나의 상황에 관해서도 복수의 장면에서 파악해야 할 경우가 허다합니다. 예를 들면 질병을 앓을 때 완치되는 것을 기대하지만, 한편으로는 치료에 드는 비용이 일상생활을 압박할 수도 있습니다. 이런 경우에는 완치를 추구하지 못하고 어느 정도의 치유로 만족하는 것이 최선책입니다.

또 골프에 흥미를 느낄 때, 힘껏 골프채를 휘둘러 멀리까지 공을 날려보내는 것을 기대하지만, 한편으로는 훅이나 슬라이스 등이 발생하여 코스가 안정되지 않을 수도 있습니다. 이런 경우에는 힘껏 쳐서 공의 비거리만을 추구하지 말고, 어느 정도의 힘으로 스윙하는 것이 최선책입니다. 이런 상황이 발생하는 것을 근거로 불안도 AEA 곡선·기대도 AEE 곡선에 추가로 또 하나의 관계곡선을 세우는 경우도 고려해야 합니다. 이런 상황이 발생할 경우에는, 다음의 세 가지 경우를 생각하면 충분합니다.

① 어떤 바람직한 상황이 발생할 확률이 증가함에 따라 바람직한 인자(因子) f에 관한 기대의 정도가 단조증가(單調增加)하는 것 외에, 그 사태가 발생할 확률이 증가함과 동시에 그것에 기인하는 다른 바람직한 인자 g의 값이 점차로 작은 값을 취하여 단조감소(單調減少)하는 경우.

② 또 반대로 어떤 바람직하지 않은 상황이 발생할 확률이 증가함에 따라 바람직한 인자 g에 관한 불안의 정도가 단조증가하는 것 외에, 그 사태가 발생할 확률이 증가함과 동시에 그것에 기인하는 다른 바람직한 인자 f의 값이 점차로 큰 값을 취하여 단조증가하는 경우.

③ 어떤 바람직한 상황이 발생할 확률이 증가함에 따라 바람직한 인자 f에 관한 기대의 징도가 난소승가하는 것 외에, 그 자체가 발생할 확률이 증가함과 동시에 그것에 기인하는 다른 바람직하지 않은 인자 g에 관한 불안의 정도가 단조증가하는 경우.

그런데 ①의 경우에는 두 가지 인자 f와 g는 모두 바람직한 인자이지만, 하나의 인자 f는 단조증가하고 다른 인자 g는 단조감소합니다. 여기서 $P=0$에서의 g의 여유도를 1로 했을 때의 $P=P$ 까지에 대한 g의 여유도 감소량을 ng로 나타내면 $(1-ng)$는 $P=P$에서의 g의 잔존 여유도(殘存餘裕度)를 나타내는 수정(修正) 인자가 됩니다. 또 이 n은 g의 중요도인 f의 중요도에 대한 비율 (g의 중요도 : f의 중요도=n : 1)이 되며, g의 중요도가 f의 중요도와 비교하여 작은 경우에는 작은 값을 취하고, g의 중요도가 f의 중요도와 비교하여 무시할 수 없게 됨에 따라 큰 값을 취합니다.

그러나 ②의 경우에는, 두 가지 인자 중 하나는 바람직하지 않은 인자 g이고, 나머지 인자는 바람직한 인자 f이지만, 바람직하지 않은 인자 g는 단조증가하고, 다른 바람직한 인자 f도 단조증가합니다. 이런 경우, 양쪽 인자를 고려했을 때의 최적의 발생확률에 관한 논의를 진행할 때는 다음과 같이 고려합니다. 여기서 $P=0$에서의 g의 여유도를 1로 했을 때의 $P=P$ 까지에 대한 g의 여유도 감소량을 ng로 나타내면 $(1-ng)$는 $P=P$에 대한 g의 잔존 여유도를 나타내는 수정인자가 됩니다. 이것은 긍정적인 값의 단조감소 과정으로 취급할 수 있습니다. 또 이 n은 g의 중요도인 f의 중요도에 대한 비율(g의 중요도 : f의 중요도=n : 1)이 되어, g의 중요도가 f의 중요도와 비교하여 작은 경우에는 작은 값을 취하고, g의 중요도가 f의 중요도와 비교하여 무시할 수 없게 됨에 따라 큰 값을 취합니다.

더욱이 ③의 경우도 두 가지 인자 중 하나는 바람직하지 않은 인자 g 이고 나머지 인자는 바람직한 인자 f이지만, 바람직하지 않은 인자 g는 단조증가하고, 다른 바람직한 인자 f도 단조증가합니다. 그래서 ②와 동일하게 생각합니다. $P=0$에서의 g의 여유도를 1로 했을 때의 $P=P$ 까지에 대한 g의 여유도 감소량을 ng로 나타내면 $(1-ng)$는 $P=P$에 대한 g의 잔존 여유도를 나타내는 수정인자가 되고, 이것은 긍정적인 값의 단조감소의 과정으로 취급할 수 있습니다. 또 이 n은 g의 중요도인 f의 중요도에 대한 비율 (g의 중요도 : f의 중요도 n : 1)이 되어, g의 중요도가 f의 중요도와 비교하여 작은 경우에는 작은 값을 취하고, g의 중요도가 f의 중요도와 비교하여 무시할 수 없게 됨에 따라 큰 값을 취합니다.

이렇게 함으로 ①, ②, ③의 어느 경우에나 두 가지 인자의 한쪽은 단조증가, 다른 한쪽은 단조감소를 나타내며, 또한 양쪽 인자 모두 긍정적인 값이 됩니다. 즉 어느 경우나 두 가지 인자 중 하나는 발생확률 증가와 함께 0에서 1로 단조증가하고, 다른 한쪽은 1에서 어떤 값으로 단조감소합니다. 양쪽 인자를 고려하여 최적의 발생확률에 관한 논의를 진행할 때는, 긍정적인 값을 취하는 양쪽 인자의 곱을 평가치로 하여, 그 평가치가 최대치를 나타내는 발생확률을 최적의 발생확률로 할 수 있습니다 (양쪽 인자가 부정적인 값이 되도록 설정하여 그 값이 최소가 될 발생확률을 구한다는 점에서는 불합리함이 발생합니다. 그 이유는 불안도 AEA 곡선은 정규확률 $P=0$에서 0을 취하고, 나머지 또 한쪽의 인자는 발생확률 $P=1$에서 0에 가까워지는 값을 취하므로 부정적인 값을 취하는 양쪽 인자의 곱은 발생확률 $P=0$과 $P=1$에서 0을 취하게 되며, $P=0$과 $P=1$ 사이에서 최대치를 취하게 되기 때문입니다). 두 가지 관계곡선의 복잡함이 양쪽 곡선의 긴밀한 관계를 낳아 서로의 영향력을 키우게 됩니다. 그것은 또 하나의 관계곡선이 움직이지 않으면, 한 번 불안도 AEA 곡선이나 기대도 AEE 곡선을 인지해 버리면 그것은 '부족한 논의'가 되어 버리기 때문입니다. 실제로 임기응변에는 수십 년간의 경험을 순식간에 생각해 내어 필요한 것을 끊임없이 잇달아 끄집어내어 활용합니다. 즉 양쪽 곡선의 공간 인식이 높아져 전체를 단숨에 파악하여 그 크기와 구조를 이해하고 의사결정하게 됩니다. 구체적으로는 ①, ②, ③의 각각의 경우의 두 번째 인자인 함수로는, 각각 다음의 단순한 함수를 생각해 보겠습니다.

① 한쪽이 $P=0$에서 0, $P=1$에서 1의 값을 취하는 $\{1-\exp(-6.91P)\}$, 다른 한쪽은 $P=0$에서 1, $P=1$에서 1 이하의 어떤 값을 취하는 $(1-nP^m)$ 또는 $(1-nAEA)$.

② 한쪽이 $P=0$에서 0, $P=1$에서 1의 값을 취하는 P^m, 다른 한쪽은 $P=0$에서 1, $P=1$에서 1 이하의 값을 취한다 $(1-nAEA)$.

③ 한쪽이 $P=0$에서 0, $P=1$에서 1의 값을 취하는 AEE, 다른 한쪽은 $P=0$에서 1, $P=1$에서 1 이하의 값을 취한다 $(1-nAEA)$.

물론 앞의 함수 이외에, 나중에 언급하겠지만 명확한 함수가 설정되는 경우도 있습니다.

앞으로의 기대도라든가 불안도를 이용하는 경우와 비교하는 의미에서, 굳이 기대도라든가 불안도를 이용하지 않는 경우도 보여 드리겠습니다.

2-1 증가함수가 {1-exp(−kP)}인 경우

2.1.1 감소함수가 $(1-nP^m)$인 경우

설문 12 경제적으로도 최적의 선풍기 날개 회전속도는?

$$I=\{1-\exp(-6.91P)\}(1-nP^3)$$

이것은 C씨와 관련된 설문입니다. 선풍기 날개를 가능한 한 빨리 회전시켜 시원하게 하고 싶지만, 소비되는 전기료는 가능하면 절약하고자 하는 마음도 당연한 겁니다. 시원함의 지표 C와 날개 회전속도 N의 사이에는 $C=1-\exp(-6.91N^*)$의 관계가 있고 (여기서 N^*은 날개 회전속도 N을 $C=0.999(\sim1)$가 되는 최대 날개 회전속도 $Nmax$로 나눈 무차원의 날개 회전속도), 또 전기료는 날개 회전속도의 3승에 비례하는 것으로 합니다. $(k=6.91, m=3)$에서 전기료 중요도를 시원함 중요도의 1/10로 고려한 경우에는 최적의 날개 회전속도를 어떻게 설정하면 좋을까요?

> **정답** 최대 날개 회전속도 $Nmax$의 60%에 설정하는 것이 최선입니다.

● **해설** ● ● ● ● ● ●

이 설문의 경우에 검토해야 할 인자는 '시원함'과 '전기료'입니다.

시원함의 지표 C는 주어진 조건에서 $C=1-\exp(-kP)$로 일반적으로 표기해 두겠습니다. 이 C는 $0 \leq C \leq 1$의 값을 취합니다. 이 시원함의 지표 C는 회전율 P가 커짐과 동시에 큰 값을 취합니다.

한편, 날개 회전속도로 인한 전기료는 날개 회전속도의 m승에 비례한다고 일반적으로 생각하면 P^m으로 나타낼 수 있습니다. 여기서 날개를 최전시키기 전 $P-0$에서의 선기를 사용하지 않는 상태에서의 전기료 여유도를 1로 했을 때의 회전율 $P=P$ 까지에 대한 전기료 여유도의 감소량을 nP^m으로 나타내면 $(1-nP^m)$은 회전율 $P=P$에 대한 전기료의 잔존 여유도가 됩니다. 여기서 n은 전기료 중요도인 시원함 중요도에 대한 비율 (전기료 중요도 : 시원함 중요도＝n : 1)이 되며, 전기료 중요도가 시원함 중요도와 비교하여 작은 경우에는 작은 값을 취하고, 전기료 중요도가 시원함 중요도와 비교하여 무시할 수 없게 됨에 따라 큰 값을 취합니다. 이 $(1-nP^m)$은 회전율 P의 증가와 더불어 감소합니다.

여기서 시원하면 시원할수록 바람직하고, 전기료 여유도도 클수록 바람직하므로, 이 양쪽 인자의 곱 $I=\{1-\exp(-kP)\}(1-nP^m)$의 값도 클수록 바람직합니다. 이 설문의 경우에는 $k=6.91$, $m=3$이므로, 이 값을 이용하여 $I=\{1-\exp(-6.91P)\}(1-nP^3)$을 회전율 P에 대해 그림을 그리면 **보충그림-1**을 얻을 수 있습니다. 그려지는 곡선의 최대치 $Imax$는 n값에 의해 변화합니다. n값이 커짐과 동시에 $Imax$를 취하는 P값은 감소합니다. 이 점은 전기료 중요도와 시원함 중요도 관계로 인해 최적의 날개 회전속도가 변한다는 점을 보여주고 있습니다. 양쪽 인자의 중요도를 똑같이 고려하는 경우에는 $n=1$이 되므로, $Imax$를 취하는 P값은 0.39가 되고, 최대 날개 회전속도 $Nmax$의 39%에 설정할 필요가 있습니다. 대부분의 경우에는 전기료보다도 시원함을 중시하므로 $Imax$를 취하는 P값은 큰 값을 취하고, 전기료를 무시할 수 있는 경우, 즉 $n=0$의 경우에는 $Imax$를 취하는 P값은 1.00이 되어 최대 날개 회전속도 $Nmax$에 설정할 수 있습니다.

그런데 주어진 조건의 경우에는 $n=0.1$이므로 $Imax$는 $P=0.6$에서 취합니다. 따라서 날개 회전속도를 최대 날개 회전속도 $Nmax$의 60%에 설정하는 것이 최적의 상태가 됩니다.

2.1.2 감소함수가 (1-$nAEA$)인 경우

설문 13 경제적으로도 최적의 믹서 회전속도는?

$$I = \{1-\exp(-6.91P)\}\,(1-nAEA)$$

이것은 B씨와 관련된 설문입니다. 조리용 믹서의 날개를 가능한 한 빨리 회전시켜 조리하고 싶지만, 믹서에 가해지는 손상은 최소화해야 합니다. 믹서의 조리성능 지표 W는 믹서의 날개 회전속도 N을 가능한 최대 날개 회전속도 $Nmax$에서 무차원화(無次元化)한 무차원의 날개 회전속도 N^*에 대해 $W=1-\exp(-6.91N^*)$로 나타나고, 또 가능한 최대 날개 회전속도 $Nmax$에서 무차원화한 회전속도 N^*을 다시 회전율 P로 나타내겠습니다. 가능한 한 최대 날개 회전속도 $Nmax$에서 무차원화한 회전속도 N^*을 다시 회전율 P로 나타내겠습니다. 그러면 믹서의 내구성 중요도를 조리성능 중요도의 6/10으로 고려한 경우에는 최적의 날개 회전속도를 어떻게 설정하면 좋을까요?

정답
최대 날개 회전속도의 56%로 날개 회전속도를 설정하는 것이 최선입니다.

●해설●●●●●●●

이런 경우 회전율 P는 앞에서 주어진 조건 N^*과 같습니다.

이 설문에서 검토해야 할 인자는 믹서의 '조리성능'과 '내구성'입니다.

조리성능의 지표는 $W=1-\exp(-kP)$로 일반적으로 표시하겠습니다.

이 W는 $0 \leq W \leq 1$의 값을 취합니다. 이 조리성능의 지표 W는 회전율 P 기 기짐과 동시에 큰 값을 취합니다.

한편 믹서를 사용할 때 날개 회전속도가 클수록 믹서가 견뎌낼 수 있는지 불안해지고, 회전율 P가 커질수록 그 불안은 커집니다. 이 믹서의 내구성과 회전율 P의 명확한 이론적 관계는 불분명하므로 불안도 AEA 곡선을 이용합니다. 이 AEA는 $0 \leq AEA \leq 1$의 값을 취합니다. 여기서 날개를 회전시키기 전 $P=0$에 대한 믹서가 새로운 손상을 입지 않은 상태에서의 믹서의 내구성 여유도를 1로 했을 때의 회전율 $P=P$까지에 대한 믹서의 내구성 여유도의 감소량을 $nAEA$로 나타내면 $(1-nAEA)$는 날개 회전율 $P=P$에 대한 믹서의 내구성 잔존 여유도가 됩니다. 여기서의 n은 믹서의 내구성 중요도인 조리성능 중요도에 대한 비율(믹서 내구성 중요도 : 조리성능 중요도 $= n : 1$)이 되고, 믹서의 내구성 중요도가 조리성능 중요도와 비교하여 작은 경우에는 작은 값을 취하고, 믹서의 내구성 중요도가 조리성능 중요도와 비교하여 무시할 수 없게 됨에 따라 큰 값을 취합니다. 이$(1-nAEA)$는 회전율 P의 증가와 더불어 감소합니다.

여기서 믹서의 내구성에 관한 여유도도 클수록 바람직하고, 조리성능도 높은 것이 바람직하므로 앞에서 언급한 양쪽 인자의 곱 $I=\{1-\exp(-kP)\}\ (1-nAEA)$도 클수록 바람직합니다. 이 설문에서는 $k=6.91$이므로, 이러한 값을 이용하여 $I=\{1-\exp(-6.91P)\}\ (1-nAEA)$를 날개 회전율 P에 대해 그림을 그리면 **보충그림-2**를 얻을 수 있습니다. 그려지는 곡선의 최대값 $Imax$는 n값에 의해 변합니다. n값이 커짐과 동시에 $Imax$를 취하는 P값은 감소합니다. 이 점은 조리성능 중요도에 대한 믹서의 내구성 중요도의 관계로 인해 최적의 날개 회전속도가 변한다는 것을 보여주고 있습니다. 양쪽 인자의 중요도를 동등하게 고려하는 경우에는 $n=1$이므로 $Imax$를 취하는 P값은 0.28이 됩니다. 하지만 이 $n=1$의 경우도 $P=0.25{\sim}0.6$의 범위에서는 I의 값은 대부분 같으므로, 최적의 날개 회전속도는 가능한 최대 날개 회전속도 $Nmax$의 25~60%로 하여도 큰 차이가 없습니다. 대부분은 믹서의 내구성보다도 조리성능을 중요시하므로, $Imax$를 취하는 P값은 큰 값을 취하고, 믹서의 내구성을 무시해도 되는 경우, 즉 $n=0$의 경우는 $Imax$를 취하는 P값은 1.00이 되어, 최대 날개 회전속도 $Nmax$에 설정할 수 있습니다.

그럼 주어진 조건은 $n=3/5=0.6$이므로 $Imax$는 $P=0.56$에서 취합니다. 따라서 날개 회전속도는 최대 날개 회전속도의 56%에 설정하는 것이 가장 좋습니다.

설문 14 체력 소모가 가장 적은 업무시간은?

$$I = \{1-\exp(-6.91P)\}\,(1-nAEA)$$

이것은 B씨와 관련된 설문입니다. 가능한 한 업무성과를 올리고 싶지만 체력 소모도 적게 하려고 합니다. 업무성과 W는 하루 중 그 업무에 쓰는 시간 비율 P에 대해 $W=1-\exp(-6.91P)$로 나타나고, 또 하루 중에서 업무에 쓰는 시간 비율인 시간율을 P로 나타내기로 하겠습니다. 그러면 체력 소모 중요도와 업무성 중요도를 동등하게 고려한 경우에, 하루 중 얼마큼의 시간을 업무에 쓰는 것이 최적일까요?

정답 하루의 28%의 시간, 즉 6.92시간을 업무에 바치는 것이 가장 적합합니다.

이 설문의 경우에 검토해야 할 인자는 '업무성과'와 '체력 소모'입니다.

업무 성과는 $W = 1 - \exp(-kP)$로 일반적으로 표시하겠습니다. 이 W는 $0 \leq W \leq 1$의 값을 취합니다. 이 업무성과 W는 시간율 P가 커짐과 동시에 큰 값을 취합니다.

한편 시간율 P가 클수록 체력이 견뎌낼 수 있을지 불안해지며, 시간율 P가 커질수록 그 불안은 커집니다. 이 체력 소모와 시간율 P의 명확한 이론적 관계는 불분명하므로 불안도 AEA 곡선을 이용합니다. 이 AEA는 $0 \leq AEA \leq 1$의 값을 취합니다. 여기서 업무를 시작하기 전 $P = 0$에 대한 체력이 전혀 소모되지 않은 상태의 체력 여유도를 1로 했을 때의 시간율 $P = P$까지에 대한 체력 여유도 감소량을 $nAEA$로 나타내면 $(1-nAEA)$는 시간율 $P = P$에 대한 체력의 잔존 여유도가 됩니다. 여기서 n은 체력 중요도인 업무성과 중요도에 대한 비율(체력 중요도 : 업무성과 중요도=n : 1)이 되고, 체력 중요도가 업무성과 중요도와 비교하여 작은 경우에는 작은 값을 취하고, 체력 중요도가 업무성과 중요도와 비교하여 무시할 수 없게 됨에 따라 큰 값을 취합니다. 이$(1-nAEA)$는 시간율 P의 증가와 더불어 감소합니다.

여기서 체력에 관한 여유도도 클수록 바람직하고, 업무성과도 큰 것이 바람직하므로, 이 양쪽 인자의 곱 $I = \{1-\exp(-kP)\}\,(1-nAEA)$도 클수록 바람직합니다. 이 설문에서는 $k = 6.91$이므로 이 값을 이용하여 $I = \{1-\exp(-6.91P)\}\,(1-nAEA)$를 시간율 P에 대해 그림을 그리면 보충그림-2를 얻을 수 있습니다. 그려지는 곡선의 최대치 $Imax$는 n값에 의해 변합니다. n값이 커짐과 동시에 $Imax$를 취하는 P값은 감소합니다. 이 점은 업무성과 중요도에 대한 체력 소모 중요도의 관계로 인해 최적의 업무시간이 바뀐다는 점을 보여주고 있습니다. 양쪽 인자의 중요도를 동등하게 고려하는 경우에는 $n=1$이 되므로 $Imax$를 취하는 P값은 0.28이 됩니다. 하지만 이 $n=1$의 경우에도 $P=0.25\sim0.6$의 범위에서는 I의 값은 대부분 같으므로 최적의 업무시간은 하루의 25~60%, 즉 6~14.4시간으로 하여도 큰 차이는 없습니다. 대부분의 경우는 체력 소모보다도 업무성과를 중요시하므로 $Imax$를 취하는 P값은 큰 값을 취하고, 체력 소모를 무시할 수 있는 경우, 즉 $n=0$의 경우에는 $Imax$를 취하는 P값은 1.00이 되어, 하루 24시간 업무를 처리하여도 상관없습니다.

그런데 주어진 조건은 $n=1$이므로, $Imax$는 $P=0.28$에서 취합니다. 따라서 하루의 28%의 시간, 즉 6.92시간을 업무에 바치는 것이 가장 적합합니다.

2-2 증가함수가 P^m인 경우

2.2.1 감소함수가 $(1-nAEA)$인 경우

설문 15 건강을 가장 해치지 않는 식사량은? $I=P(1-nAEA)$

이것은 A씨와 관련된 설문입니다. 가능하면 식욕을 충족시키고 싶지만, 과식으로 인한 질병에도 신경이 쓰입니다. 식사를 할 때 포만감을 느끼는 식사량을 1로 하여 섭취한 식사량을 완전율 P로 나타내기로 했을 때, 건강상태 중요도를 식사량 중요도의 7/10로 고려한 경우에는 식사량을 어떻게 설정하면 좋을까요?

●해설●●●●●●

이 설문의 경우에 검토해야 할 인자는 '건강'과 '식사량'입니다.

완전식사율 P가 커짐에 따라 포만감이 증가합니다. 이 포만감은 완전식사율 P에 이론적으로 명확하게 비례하므로 P로 나타낼 수 있습니다.

한편 완전식사율 P가 커질수록 건강상태가 악화되는 것이 불안해집니다. 이 건강상태가 악화되는 정도와 완전식사율 P의 명확한 이론적 관계는 불분명하므로 불안도 AEA 곡선을 이용합니다. 이 AEA는 $0 \leq AEA \leq 1$의 값을 취합니다. 여기서 식사를 하기 전 $P=0$에 대한 건강이 전혀 악화되지 않은 상태에서의 건강상태 여유도를 1로 했을 때의 완전식사율 $P=P$ 까지에 대한 건강상태 여유도의 감소량을 $nAEA$로 나타내면 $(1-nAEA)$는 완전식사율 $P=P$에 대한 건강상태 잔존 여유도가 됩니다.

여기서 n은 건강상태 중요도인 식사량 중요도에 대한 비율(건강상태 중요도 : 식사량 중요도$=n$: 1)이 되고, 건강상태 중요도가 식사량 중요도와 비교하여 작은 경우에는 작은 값을 취하고, 건강상태 중요도가 식사량 중요도와 비교하여 무시할 수 없게 됨에 따라 큰 값을 취합니다. 이 $(1-nAEA)$는 완전식사율 P의 증가와 더불어 감소합니다.

여기서 포만감 P도 클수록 바람직하고, 건강상태 여유도 $(1-nAEA)$도 클수록 좋습니다. 그래서 이 곱 $I=P(1-nAEA)$를 달성률 P에 대해 그림으로 나타내면 **보충그림-3**과 동일합니다. 곡선이 최대치 $Imax$를 취하는 제공률 P는 n값에 의해 변합니다. $n \leq 0.2$에서는 그려지는 곡선이 최대치 $Imax$를 취하는 P값은 1입니다. 이 점은 $n \leq 0.2$에서는 다 먹을 때까지 식사를 해도 된다는 점을 나타냅니다. 그러나 n값이 커짐과 동시에 $Imax$를 취하는 P값은 점차로 줄어들어 다 먹을 때까지 식사량을 섭취했을 때의 건강이 악화된다는 불안도가 초기의 여유도와 같아진 경우, 즉 $n = 1$의 경우에는 최대치 $Imax$를 $P = 0.70$에서 취하게 되므로 최적의 완전식사율 P는 70%입니다. 이 비율의 식사량을 섭취하면 포만감도 어느 정도 충족시키고, 건강상태도 어느 정도 유지할 수 있다는 점이 기대됩니다. 이 값은 흔히 말하는 '적당히 먹으면 탈이 없다'는 격언에 가까운 값입니다. 참고적으로 이 '적당히 먹으면 탈이 없다'에 해당하는 $P = 0.80$에서 $Imax$를 취하는 n값은 0.7이지만, 이것은 다 먹을 때까지 식사를 했을 때의 건강상태가 식사 전 건강상태의 0.3이 되는 조건이 충족될 때이므로, 이것도 우리가 받아들일 수 있는 조언이 될 수 있습니다.

그런데 주어진 조건은 $n = 0.7$이므로, $Imax$는 $P = 0.80$에서 취합니다. 따라서 식사량은 포만감을 느낄 때까지의 식사량의 80%로 해야 합니다. '적당히 먹으면 탈이 없다'는 격언이 진리임을 알 수 있네요.

설문 **16** 경제적으로도 내용적으로도 최적인 참가자 숫자는?

이것은 B씨와 관련된 설문입니다. B씨는 어떤 파티를 주관하는 총무에 임명되었습니다. 참가자는 가능한 한 많을수록 좋지만, 참가자 서로가 대화도 원활하게 할 수 있도록 하려고 합니다. 파티를 개최할 홀의 최대 수용 인원수를 1로 하여 참가자 비율을 충족률 P로 나타내기로 하겠습니다. 그러면 대화의 중요도를 참가비 수입의 중요도와 동등하게 고려한 경우에 최대 수용 인원수의 어느 정도까지의 참가자를 목표로 하여 모집하는 것이 가장 좋을까요?

정답 최대 수용인원의 70%, 즉 140명의 참가자를 목표로 하는 것이 가장 좋습니다.

●해설●●●●●●

이 설문의 경우에 검토해야 할 인자는 '참가 인원수'와 '대화'입니다.

충족률 P가 커짐에 따라 참가비 수입이 증가합니다. 이 수입은 충족률에 명확하게 이론적으로 비례하므로 P로 나타낼 수 있습니다.

한편 충족률 P가 커질수록 대화를 제대로 할 수 없는 상황이 된다는 점이 불안해집니다. 이 대화가 제대로 안 된다는 점과 충족률 P의 명확한 이론적 관계는 불분명하므로 불안도 AEA 곡선을 이용합니다. 이 AEA는 $0 \leq AEA \leq 1$의 값을 취합니다. 여기서 모집 전 $P=0$에서의 대화를 전혀 할 수 없는 상태에서의 대화 여유도를 1로 했을 때의 충족률 $P=P$까지에 대한 대화 여유도의 감소량을 $nAEA$로 나타내면 $(1-nAEA)$는 충족률 $P=P$에 대한 대화의 잔존 여유도가 됩니다. 여기서 n은 대화의 중요도인 참가비 수입의 중요도에 대한 비율(대화의 중요도 : 참가비 수입의 중요도 $= n : 1$)이 되고, 대화의 중요도가 참가비 수입의 중요도와 비교하여 작은 경우에는 작은 값을 취하고, 대화의 중요도가 참가비 수입의 중요도와 비교하여 무시할 수 없게 됨에 따라 큰 값을 취합니다. 이$(1-nAEA)$는 충족률 P의 증가와 더불어 감소합니다.

여기서 대화의 안심도 $(1-nAEA)$도 클수록 바람직하고, 참가비 수입 P도 많을수록 좋으므로 이 여유도와 참가비 수입의 곱 $I=P\,(1-nAEA)$

의 값도 클수록 바람직합니다. 그래서 이 곱 *I*를 충족률 *P*에 대해 그림으로 나타내면 **보충그림-3**과 동일한 결과를 얻을 수 있습니다. 곡선이 최대치 *Imax*를 취하는 충족률 *P*는 *n*값에 의해 변화합니다. $n \leq 0.2$에서는 그려지는 곡선이 최대치 *Imax*를 취하는 *P*값은 1입니다. 이 점은 $n \leq 0.2$에서는 최대 수용 인원수와 동일한 참가 인원수를 목표로 해도 된다는 점을 보여주고 있습니다. 그러나 *n*값이 커짐과 동시에 *Imax*를 취하는 *P*값은 점차로 감소하여 최대 수용 인원수와 동일한 참가자가 참석했을 때 대화가 잘 안 된다는 불안도가 참가자 0일 때의 여유도와 같아진다고 여겨진 경우, 즉 *n*=1의 경우에는 최대치 *Imax*를 *P*=0.70에서 취합니다. 따라서 이런 경우에는 목표로 삼아야 할 충족률 *P*는 70%입니다.

그런데 주어진 조건의 경우 *n*=1이므로, *Imax*는 *P*=0.7에서 취합니다.

따라서 $200 \times 0.7 = 140$이 되어 140명의 참가자를 목표로 하는 것이 가장 좋습니다. 반대로 말하자면 모집하고 싶은 참가 인원수 *N*이 사전에 결정되어 있는 경우에는 *N*/0.70으로 산출되는 수를 수용할 수 있는 최대 인원수로 하는 홀을 빌리면 됩니다. 홀의 약 70%가 채워질 정도의 참가자는, 평소 우리들이 느끼고 있는 쾌적한 파티 규모와 일치합니다.

설문 17 경제적으로 최적의 주식 매각 시기는?

이것은 A씨, B씨, C씨와 관련된 설문입니다. 주식은 가능한 한 고가에 팔고 싶지만, 팔릴 때까지의 생활비를 절약하고 싶은 것도 당연합니다(*m*=1). 그리고 주식 매각까지 생활비는 최저 2,000만 원이 든다고 합니다. 그러면 1주당 yi원에 매입한 모 회사의 주식을 보유하고 있는 A씨와 B씨와 C씨는 제각각 주식이 목표 시세 yo원이 될 때까지 기다릴 수 있을까요? 더구나 주식을 매매하는 경우, 목표 시세 yo와 구입 시세 yi의 차이에 대한 그 시점에서의 시세 y와 구입 시세 yi의 차이의 비율을 달성률 $P(=(y-yi)/(yo-yi))$로 나타내기로 하겠습니다.

정답
자산 2억 원인 A씨의 경우는 목표 시세가 되기까지 기다릴 수 있습니다. 그러나 자산이 5,000만 원인 B씨는 목표 시세와 구입 시세의 차이가 93%에 달했을 때 파는 것이 최선입니다. 또 자산이 2,000만 원인 C씨의 경우는 목표 시세와 구입 시세의 차이가 70%에 달하였을 때에 매각하는 것이 최선입니다.

●해설●●●●●●

이 설문에서 검토해야 할 인자는 주식 매각의 '수입'과 매각 시점까지의 '생활비' 입니다.

달성률 P가 증가함에 따라 비싸게 팔 수 있어 수입이 증가하지만, 이 수입은 달성률 P에 명확하게 비례하므로 이론적으로 P로 나타낼 수 있습니다.

한편 주가가 상승하기까지 시간이 걸리므로 달성률 P가 상승함에 따라 생활비가 증가합니다. 그러나 이 생활비와 달성률 P의 명확한 이론적 관계는 불분명하므로 불안도 AEA 곡선을 이용합니다. 이 AEA는 $0 \leq AEA \leq 1$의 값을 취합니다. 여기서 초기 $P=0$에 대한 생활비를 전혀 사용하지 않은 상태에서의 생활비 여유도를 1로 했을 때의 달성률 $P=P$ 까지에 대한 생활비 여유도의 감소량을 $nAEA$로 나타내면 $(1-nAEA)$는 달성률 $P=P$에 대한 생활비의 잔존 여유도가 됩니다. 여기서 n은 생활비 중요도인 매각 수입 중요도에 대한 비율 (생활비 중요도 : 매각 수입 중요도=n : 1)이 되고, 생활비 중요도가 매각 수입 중요도와 비교하여 작은 경우에는 작은 값을 취하고, 생활비 중요도가 매각 수입 중요도와 비교하여 무시할 수 없게 됨에 따라 큰 값을 취합니다. 즉 자산이 많은 사람의 경우에는 n은 작은 값을 취하고, 자산이 적은 사람의 경우에는 n은 큰 값을 취합니다. 이($1-nAEA$)는 달성률 P의 증가와 더불어 감소합니다.

한편 달성률 P가 증가함에 따라 비싸게 매각할 수 있어 수입이 증가하지만, 이 수입은 달성률 P에 명확하게 비례하므로, 이론적으로 P로 나타낼 수 있습니다.

여기서 생활비 여유도도 클수록 바람직하고, 수입도 클수록 바람직하므로 이 양쪽 인자의 곱 $I=P(1-nAEA)$의 값도 클수록 바람직합니다. 그래서 이 곱 I를 달성률 P에 대해 그림으로 나타내면 **보충그림-3**과 동일한 결과를 얻을 수 있습니다. 그려지는 곡선이 최대치 $Imax$를 취하는 달성률 P는 n값에 의해 변합니다. $n \leq 0.2$에서는 $Imax$를 취하는 P값은 1입니다. 이 점은 목표 시세에 달할 때까지 필요한 생활비가 자산 0.2 이하라면 목표 시세까지 기다려도 된다는 점을 보여줍니다. 그러나 n값이 커짐과 동시에 $Imax$를 취하는 P값은 점차로 감소하여 목표 시세에 달할 때까지 기다렸을 때의 불안도가 초기의 여유도와 같아진 경우, 즉 $n=1.0$에서는 $Imax$를 취하는 P값은 0.7이 됩니다.

그런데 주어진 조건에서 A씨의 경우는 2억 원 자산에 대해 목표 시세에 달할 때까지 필요한 생활비는 2,000만 원이므로 $n=0.1$이 되고, $Imax$는 $P=1$에서 취하므로 목표 시세까지 기다리는 것이 가장 좋다는 결론에 도달합니다. 그러나 B씨의 경우는 5,000만 원의 자산에 대해 목표 시세에 달할 때끼지 필요한 생활비는 2,000만 원이므로 $n=0.40$ 이 되고, $Imax$는 $P=0.93$에서 취하므로 목표 시세에 달할 때까지 기다릴 수 없어 달성률 0.93에서 매각해야 합니다. 또 C씨의 경우는 2,000만 원의 자산에 대해 목표 시세에 달할 때까지 필요한 생활비는 2,000만 원이므로 $n=1$이 되고, $Imax$는 $P=0.70$에서 취하므로 목표 시세에 달할 때까지 기다릴 수 없어 달성률 0.70에서 매각해야 합니다.

설문 18 경제적으로 가장 적합한 쓰레기 수거량은? $I=P(1-nAEA)$

이것도 A씨, B씨, C씨와 관련된 설문입니다. 지진 재해지역의 쓰레기 수거작업을 가능한 한 돕고 싶지만, 수거작업 중에 드는 생활비도 가능한 절약하고 싶습니다. 또 쓰레기를 완전히 수거하기까지의 생활비는 1,000만 원이 듭니다. 그리고 쓰레기 전량과 실제로 수거된 쓰레기양의 비율을 달성률 P로 나타내기로 하겠습니다. 그러면 A씨, B씨, C씨는 쓰레기를 완전히 수거하기까지 작업을 계속할 수 있을까요?

정답
A씨와 B씨의 경우는 쓰레기를 완전히 수거할 때까지 작업을 하는 것이 가장 좋습니다. 그러나 C씨는 쓰레기의 88%가 수거되었을 때 중단하는 것이 가장 좋습니다.

● 해설 ● ● ● ● ● ●
이 설문에서 검토해야 할 인자는 쓰레기 수거량에 비례한 '수입'과 '생활비'입니다.

달성률 P가 증가함에 따라 수입이 증가하지만, 이 수입은 달성률 P에 명확하게 비례하므로 P로 나타낼 수 있습니다.

한편 쓰레기를 수거하기까지 시간이 걸리므로, 달성률 P가 상승함에 따라 생활비가 증가합니다. 그러나 이 생활비와 달성률 P의 관계가 이론적으로는 불분명하므로 불안도 AEA 곡선을 이용합니다. 이 AEA는 $0 \leq AEA \leq 1$의 값을 취합니다. 여기서 작업을 시작하기 전 $P=0$에 대한 생활비를 전혀 사용하지 않은 상태에서의 생활비 여유도를 1로 했을 때의 달성률 $P=P$까지에 대한 생활비 여유도의 감소량을 $nAEA$으로 나타내면 $(1-nAEA)$는 달성률 $P=P$에 대한 생활비의 잔존 여유도가 됩니다. 여기서 n은 생활비 중요도인 수입 중요도에 대한 비율(생활비 중요도 : 수입 중요도=n : 1)이 되고, 생활비 중요도가 수입 중요도와 비교하여 작은 경우에는 작은 값을 취하고, 생활비 중요도가 수입 중요도와 비교하여 무시할 수 없게 됨에 따라 큰 값을 취합니다. 즉 자산이 많은 사람의 경우 n은 작은 값을 취하고, 자산이 적은 사람의 경우에는 n은 큰 값을 취합니다. 이 $(1-nAEA)$는 달성률 P의 증가와 더불어 감소합니다.

여기서 생활비 여유도와 수입도 클수록 바람직하므로, 이 여유도와 수입의 곱 $I=P(1-nAEA)$의 값도 클수록 바람직합니다. 그래서 이 곱 I를 달성률 P에 대해 그림으로 나타내면 **보충그림-3**과 동일한 결과를 얻을 수 있습니다. 그려지는 곡선이 최대치 $Imax$를 취하는 달성률 P는 n값에 의해 변화합니다. $n \leq 0.2$에서는 $Imax$를 취하는 P값은 1입니다. 이 점은 쓰레기를 완전히 수거하기까지 필요한 생활비가 자산의 0.2 이하라면 완전 수거까지 작업을 해도 된다는 점을 보여줍니다. 그러나 n값이 커짐과 동시에 $Imax$를 취하는 P값은 점차로 줄어들어 모든 쓰레기를 수거하기까지의 작업을 했을 때의 생활비 불안도가 초기의 안심도

와 같아진 경우, 즉 $n=1.0$에서는 $Imax$를 취하는 P값은 0.7이 됩니다

그런데 주어진 조건에서 A씨의 성우 2억 원의 자산에 대해 쓰레기를 완전 수거하기까지 필요한 생활비는 1,000만 원이므로 $n=0.05$가 되어, 쓰레기를 완전히 수거하기까지 작업을 하는 것이 가장 좋다는 결론이 나옵니다. 또 B씨도 5,000만 원의 자산에 대해 쓰레기를 완전히 수거하기까지 필요한 생활비는 1,000만 원이므로 $n=0.20$이 되어, 쓰레기를 완전히 수거하기까지 작업을 할 수 있습니다.

그러나 C씨의 경우는 2,000만 원의 자산에 대해 쓰레기를 완전히 수거하기까지 필요한 생활비는 1,000만 원이므로 $n=0.50$이 되어, 쓰레기를 완전히 수거하기까지 작업하는 것은 불가능합니다. C씨의 경우는 달성률 0.88이 가장 적합한 값이므로, 이 값에서 쓰레기 수거작업을 중단해야 합니다.

설문 19 경제적으로 가장 적합한 자원 봉사량은? $I=P(1-nAEA)$

이것도 A씨, B씨, C씨와 관련된 설문입니다. 봉사량에 비례한 수입도 있으므로 가능한 한 많이 하고 싶지만, 자원봉사 도중에 필요한 생활비도 가능하면 절약하고 싶다($m=1$)는 생각은 당연합니다. 자원봉사를 할 경우, 봉사 전체의 양과 실제 봉사량 비율을 달성률 P로 나타내겠습니다. 그러면 A씨, B씨, C씨는 봉사를 완료하기까지 계속할 수 있을까요?

정답
> A씨는 자원봉사를 완료하기까지 봉사를 하는 것이 가장 좋습니다. 그러나 B씨는 전체 자원 봉사량의 93%에 달했을 때 봉사를 중단하는 것이 가장 좋습니다. 또 C씨는 전체 자원 봉사량의 70%에 달했을 때 중단하는 것이 가장 좋습니다.

●해설● ● ● ● ● ● ●

이 설문에서 검토해야 할 인자는 봉사량에 비례한 '수입'과 '생활비'입니다.

달성률 P가 증가함에 따라 수입이 증가하지만, 이 수입은 달성률 P에 명확하게 비례하므로 P로 나타낼 수 있습니다.

한편 자원봉사를 완료하기까지 시간이 걸리므로, 달성률 P가 상승함에 따라 생활비가 증가합니다. 그러나 이 생활비와 달성률 P가 이론적으로는 불분명한 관계이므로 불안도 AEA 곡선을 이용합니다. 이 AEA는 $0 \leq AEA \leq 1$의 값을 취합니다. 여기서 봉사를 시작하기 전 $P=0$에서의 생활비를 전혀 사용하지 않은 상태에서의 생활비 여유도를 1로 했을 때의 달성률 $P=P$까지에 대한 생활비 여유도의 감소량을 $nAEA$으로 나타내면 $(1-nAEA)$는 달성률 $P=P$에 대한 생활비의 잔존 여유도가 됩니다. 여기서 n은 생활비 중요도인 수입 중요도에 대한 비율 (생활비 중요도 : 수입 중요도$=n$: 1)이 되고, 생활비 중요도가 수입 중요도와 비교하여 작은 경우에는 작은 값을 취하고, 생활비 중요도가 수입 중요도와 비교하여 무시할 수 없게 됨에 따라 큰 값을 취합니다. 즉 자산이 많은 사람의 경우는 n은 작은 값을 취하고, 자산이 적은 사람의 경우는 n은 큰 값을 취합니다. 이 $(1-nAEA)$는 달성률 P의 증가와 더불어 감소합니다.

여기서 생활비 여유도도 클수록 바람직하고 수입도 클수록 바람직하므로, 이 여유도와 수입의 곱 $I=P(1-nAEA)$의 값도 클수록 바람직합니다. 그래서 이 곱 I를 달성률 P에 대해 그림으로 나타내면 **보충그림-3**과 동일한 결과를 얻을 수 있습니다. 그려지는 곡선이 최대치 $Imax$를 취하는 달성률 P는 n값에 의해 변화합니다. $n \leq 0.2$에서는 $Imax$를 취하는 P값은 1입니다. 이 점은 자원봉사를 완료하기까지 필요한 생활비가 자산의 0.2 이하라면 자원봉사를 완료하기까지 봉사를 해도 된다는 점을 보여줍니다. 그러나 n값이 커짐과 동시에 $Imax$를 취하는 P값은 점차로 줄어들어 모든 자원봉사를 완료하기까지 봉사를 했을 때의 생활비 불안도가 초기의 안심도와 같아진 경우, 즉 $n = 1.0$에서는 $Imax$를 취하는 P값은 0.7이 됩니다.

그런데 주어진 조건의 경우, A씨가 2억 원의 자산에 대해 자원봉사를 완료하기까지 필요한 생활비는 2,000만 원이므로 $n = 0.1$이 되어 $Imax$는 $P = 1.0$에서 취하므로 자원봉사를 완료하기까지 봉사를 하는 것이 가장 좋다는 결론에 이릅니다. 그러나 B씨의 경우는 5,000만 원의 자산에 대해 자원봉사를 완료하기까지 필요한 생활비는 2,000만 원이므로 $n = 0.40$이 되어 $Imax$는 $P = 0.93$에서 취하므로 자원봉사를 완료하기까지 봉사를 하는 것이 불가능하여, 달성률 0.93에서 중단해야 합니다. 또 C씨는 2,000만 원의 자산에 대해 자원봉사를 완료하기까지 필요한 생활비는 2,000만 원이므로 $n = 1$이 되어 $Imax$는 $P = 0.70$에서 취하므로 자원봉사를 완료하기까지 봉사하는 것은 불가능하여 달성률 0.70에서 중단해야 합니다.

설문 20 경제적으로 가장 적합한 음식 분배량은? $I = P(1 - nAEA)$

이것도 A씨, B씨, C씨와 관련된 설문입니다. 지진 재해지역에서 음식분배 자원봉사를 하고 싶은데, 음식분배로 인한 체력감소도 가능한 한 적게 하고 싶습니다. 더구나 음식분배 작업에 비례한 수입도 있지만, 한편으로는 시일이 경과할수록 생활비도 증가하고 자산은 감소합니다. 또 음식을 전체의 양과 실제로 분배된 음식의 양의 비율을 달성률 P 로 나타내기로 하겠습니다. 그러면 A씨, B씨, C씨는 음식을 완전히 분배하기까지 봉사를 계속할 수 있을까요?

정답
> A씨는 음식을 완전히 분배하기까지 봉사를 하는 것이 가장 좋습니다. 그러나 B씨는 음식의 84%가 분배되었을 때 중단하는 것이 가장 좋습니다. 또 C씨는 음식의 59%가 분배되었을 때 중단하는 것이 가장 좋습니다.

●해설●●●●●●●

이 설문에서 검토해야 할 인자는 음식 분배량에 비례한 '수입'과 '생활비'입니다.

달성률 P가 증가함에 따라 수입이 증가하지만, 이 수입은 달성률 P에 명확하게 비례하므로 P로 나타낼 수 있습니다.

한편 음식분배를 완료하기까지는 시간이 걸리므로, 달성률 P가 상승함에 따라 생활비가 증가합니다. 그러나 이 생활비와 달성률 P의 관계는 이론적으로 불분명하므로 불안도 AEA 곡선을 이용합니다. 이 AEA 는 $0 \le AEA \le 1$의 값을 취합니다. 여기서 초기 작업을 시작하기 전 $P=0$에서의 생활비를 전혀 사용하지 않은 상태에서의 생활비 여유도를 1로 했을 때의 달성률 $P=P$까지에 대한 생활비 여유도의 감소량을 $nAEA$로 나타내면 $(1-nAEA)$는 달성률 $P=P$에서의 생활비의 잔존 여유도가 됩니다. 여기서 n은 생활비 중요도인 수입 중요도에 대한 비율 (생활비 중요도 : 수입 중요도 $=n : 1$)이 되고, 생활비 중요도가 수입 중요도와 비교하여 작은 경우에는 작은 값을 취하고, 생활비 중요도가 수입 중요도와 비교하여 무시할 수 없게 됨에 따라 큰 값을 취합니다. 즉 자산이 많은 사람의 경우에는 n은 작은 값을 취하고, 자산이 적은 사람의 경우에는 n은 큰 값을 취합니다. 이$(1-nAEA)$는 달성률 P의 증가와 더불어 감소합니다.

여기서 생활비 여유도도 클수록 좋고 수입도 클수록 바람직하므로, 이 여유도와 수입의 곱 $I=P(1-nAEA)$의 값도 클수록 바람직합니다. 그래서 이 곱 I를 달성률 P에 대해 그림으로 나타내면 **보충그림-3**과 동일한 결과를 얻을 수 있습니다. 그려지는 곡선이 최대치 $Imax$를 취하는 달성률 P는 n값에 의해 변화합니다. $n \leq 0.2$에서 $Imax$를 취하는 P값은 1입니다. 이 점은 음식분배 자원봉사를 완료하기까지 필요한 생활비가 자산의 0.2 이하라면 분배를 완료하기까지 봉사를 해도 된다는 점을 보여줍니다. 그러나 n값이 커짐과 동시에 $Imax$를 취하는 P값은 점차로 줄어들어 모든 음식분배를 완료하기까지 봉사를 했을 때의 생활비 불안도가 초기의 안심도와 같아진 경우, 즉 $n=1.0$에서는 $Imax$를 취하는 P값은 0.7이 됩니다.

그런데 주어진 조건에서 A씨의 경우는 2억 원의 자산에 대해 음식분배를 완료하기까지 필요한 생활비는 3,000만 원이므로 $n=0.15$가 되어 $Imax$는 $P=1.0$에서 취하므로 음식분배를 완료하기까지 봉사를 하는 것이 가장 좋다는 결론에 이릅니다. 그러나 B씨는 5,000만 원의 자산에 대해 음식분배를 완료하기까지 필요한 생활비는 3,000만 원이므로 $n=0.60$이 되어 $Imax$는 $P=0.84$에서 취하므로 음식분배를 완료하기까지 봉사를 하는 것이 불가능하여, 달성률 0.84에서 중단해야 합니다. 또 C씨의 경우는 2,000만 원의 자산에 대해 음식분배를 완료하기까지 필요한 생활비는 3,000만 원이므로 $n=1.5$가 되어 $Imax$는 $P=$

0.59에서 취하므로 음식을 완전히 분배하기까지 봉사를 하는 것이 불가능합니다. 달성률 0.59가 최적의 값이므로 이 값에서 자원봉사를 중단해야 합니다.

설문 21 정원이 딸린 토지 확보면에서 가장 적합한 토지 제공량은?
$$I = P(1-nAEA)$$

이것도 A씨, B씨, C씨와 관련된 설문입니다. 지진의 쓰나미 재해로 엄청난 피해를 입은 지방자치단체는 자연재해 이재민을 위한 가설 주택 건축을 위해 A씨, B씨, C씨 모두에게 200m²씩의 토지를 제공해 달라는 요청을 하였습니다. 그런데 A씨와 B씨와 C씨는 200m²씩의 토지를 가능한 한 제공하고 싶지만, 취미생활인 정원가꾸기를 할 수 있는 토지도 가능한 한 확보하고 싶습니다. 더구나 토지를 제공한다면 임대료 수입도 들어옵니다. 요청받은 토지 200m²에 대한 토지면적 비율을 제공률 P로 나타내기로 하겠습니다. 그러면 A씨, B씨, C씨는 200m²씩의 토지를 제공할 수 있을까요?

> **정답**
> A씨는 요청받은 대로 200m²를 제공할 수 있습니다. 그러나 B씨는 176m²의 토지를 제공하는 것이 합리적입니다. 또 C씨는 140m²의 토지를 제공하는 것이 합리적입니다.

●해설●●●●●●

이 설문에서 검토해야 할 인자는 '임대료'와 '정원가꾸기 기회'입니다.

제공률 P가 증가함에 따라 임대료가 증가하지만, 이 수입은 달성률 P에 명확하게 비례하므로 P로 나타낼 수 있습니다.

한편 토지를 제공할 경우, 정원가꾸기 기회가 얼마큼 삭감되는지 불안해지고, 제공률 P가 커질수록 그 불안은 커집니다. 그러나 이 정원가꾸기 기회와 제공률 P의 관계가 이론적으로 불분명하므로 불안도 AEA 곡선을 이용합니다. 이 AEA는 $0 \leq AEA \leq 1$의 값을 취합니다. 여기서 토지를 제공하기 전 $P=0$에서의 정원가꾸기 기회를 전혀 방해받지 않은 상태에서의 정원가꾸기 기회 여유도를 1로 했을 때의 제공률 $P=P$까지에 대한 정원가꾸기 기회 여유도의 감소량을 $nAEA$로 나타내면 $(1-nAEA)$는 제공률 $P=P$에 대한 정원가꾸기 기회의 잔존 여유도가 됩니다. 여기서 n은 정원가꾸기 기회 중요도인 임대료 중요도에 대한 비율(정원가꾸기 기회의 중요도 : 임대료 중요도$=n$: 1)이 되고, 정원가꾸기 기회의 중요도가 임대료 중요도와 비교하여 작은 경우에는 작은 값을 취하고, 정원가꾸기 기회의 중요도가 수입 중요도와 비교하여 무시할 수 없게 됨에 따라 큰 값을 취합니다.

즉 소유한 토지가 많은 사람의 경우에는 n은 작은 값을 취하고, 토지가 적은 사람의 경우에는 n은 큰 값을 취합니다. 이$(1-nAEA)$는 제공률 P의 증가와 더불어 감소합니다.

여기서 정원가꾸기 기회의 여유도도 클수록, 임대료 수입도 클수록 바람직하므로, 이 여유도와 수입의 곱 $I=P(1-nAEA)$의 값도 클수록 좋습니다. 그래서 이 곱 I를 제공률 P에 대해 그림으로 나타내면 **보충 그림-3**과 동일한 결과를 얻을 수 있습니다. 그려지는 곡선이 최대치 $Imax$를 취하는 제공률 P는 n값에 의해 변화합니다. $n \leq 0.2$에서는 그려지는 곡선이 최대치 $Imax$를 취하는 P값은 1입니다. 이 점은 $n \leq 0.2$에서는 요청받은 대로 토지를 제공할 수 있다는 점을 보여줍니다. 그러나 n값이 커짐과 동시에 $Imax$를 취하는 P값은 점차로 줄어들어 요청받은 대로 토지를 제공했을 때 정원가꾸기 기회 여유도의 감소량이 초기의 여유도와 같아진 경우, 즉 $n=1.0$에서는 $Imax$를 취하는 P값은 0.7이 됩니다.

그런데 주어진 조건에서 A씨의 경우에는 2,000m²의 토지를 소유하고 있으므로 $n=200/2,000=0.1$이 되고, $Imax$는 $P=1.0$에서 취하므로 요청받은 대로 200m²를 제공할 수 있습니다. 그러나 B씨의 경우는 400m²의 토지를 소유하고 있으므로 $n=200/400=0.50$이 되어, $Imax$는 $P=0.88$에서 취하므로 요청받은 대로 200m²를 제공하는 것이 불가능하여, $200 \times 0.88 = 176$m²의 토지밖에 제공할 수 없습니다. 또 C씨의 경우에는 200m²의 토지를 소유하고 있으므로 $n=200/200=0.1$이 되어, $Imax$는 $P=0.70$에서 취하므로 요청받은 대로 200m²를 제공할 수가 없어 $200 \times 0.70 = 140$m²의 토지밖에 제공할 수 없습니다.

설문 22 교수로 승진이 가능하게 하는 가장 적합한 조건은?

$$I=P(1-nAEA)$$

이번에는 네 번째 등장하는 D씨와 관련된 설문입니다. 현재 52세로 논문 수가 30편인 D씨가 하루 빨리 교수로 승진되었으면 하는 바람이 있습니다. 더구나 조건은 ① 승진하는 시점에서 나이가 55세 이하여야 한다. ② 승진하는 시점에서 나이와 동일한 숫자 이상의 논문이 있어야 한다. ③ 승진하는 시점 이후 65세 정년까지 업적이 순조롭게 지속적으로 향상된다고 기대된다는 규칙이 있습니다. 그러면 D씨에게 어떻게 권고해야 할까요?

●해설●●●●●●●

연구자의 업적 평가지표를 대표하는 것은 논문 수입니다. 전형적인 연구자 ○○○씨의 논문 수와 나이의 관계는 **그림-15**처럼 나타낼 수 있으며, 일반적으로 논문 수효는 연구 햇수에 거의 비례한다고 생각할 수 있습니다. 같은 그림의 가로축은 27세에 연구직(예를 들면 조교)에

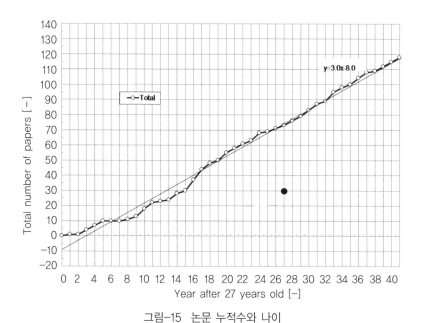

그림-15 논문 누적수와 나이

참여했을 때 이후의 햇수를 계산한 것입니다.

일례로 보여준 연구자 ○○○씨의 경우는 연평균 3.0편의 논문입니다. 또 만약 한계인 55세에 승진되었을 때의 조건 ②를 충족시키기 위해서는 55편의 논문이 필요하므로 연평균 2.0편의 논문이 필요합니다.

이 설문의 경우에 검토해야 할 인자는 업적으로서의 '논문 수'와 '체력·의욕'입니다. 논문 수는 연구 햇수에 비례하므로 다음 식의 연령률 P에 비례합니다.

$$P = (\text{연령률} - 27)/(65 - 27) = (\text{실연령} - 27)/38$$

연령률 P가 증가함에 따라 논문 수가 증가하지만, 이 논문 수는 달성률 P에 명확하게 이론적으로 비례하므로 P로 나타낼 수 있습니다.

한편 체력과 의욕은 보통 나이가 들면서 쇠퇴해지므로, 연구 햇수와 더불어 체력·의욕에 대한 불안이 증대됩니다. 그러나 이 체력·의욕과 연령률 P의 관계가 이론적으로는 불분명하므로 불안도 AEA 곡선을 이용합니다. 이 AEA는 $0 \leq AEA \leq 1$의 값을 취합니다. 여기서 연구를 시작하기 전 $P=0$에서의 체력·의욕이 떨어질 우려가 전혀 없는 상태에서의 체력·의욕 여유도를 1로 했을 때의 연령률 $P=P$까지에 대한 체력·의욕 여유도의 감소량을 $nAEA$로 나타내면 $(1-nAEA)$는 연령률 $P=P$에 대한 체력·의욕의 잔존 여유도가 됩니다. 또 이 n은 체력·의욕의 중요도인 논문 수효 중요도에 대한 비율 (체력·의욕 중요도 : 논문 수효 중요도$=n$: 1)이 되고, 체력·의욕 중요도가 논문 수효 중요도와 비교하여 작은 경우에는 작은 값을 취하고, 체력·의욕 중요도가 논문 수효 중요도와 비교하여 무시할 수 없게 됨에 따라 큰 값을 취합니다. 이$(1-nAEA)$는 연령률 P의 증가와 더불어 감소합니다.

여기서 논문 수효는 많을수록 바람직하고 체력·의욕에 대한 여유도도 클수록 바람직하므로, 이 양쪽 인자의 곱 $I=P(1-nAEA)$도 클수록 바람직합니다. 그래서 이 곱 I를 연령률 P에 대해 그림으로 나타내면 **보충그림-3**의 결과를 얻을 수 있습니다. 그려지는 곡선이 최대치 $Imax$를 취하는 연령률 P는 n값에 의해 변합니다. $n \leq 0.2$에서는 $Imax$를 취하는 P값은 1입니다. 그러나 n값이 커짐과 동시에 $Imax$를 취하는 P값은 점차로 줄어들어 $P=1$, 즉 65세에서의 체력·의욕의 감소량이 초기의 체력·의욕의 양과 같아진 경우, 즉 $n=1.0$에서는 $Imax$를 취하는 P값은 0.7이 됩니다.

그런데 주어진 조건에서 $n=1.0$의 가장 엄격한 조건을 고려하면 $Imax$는 $P=0.7$에서 취하므로 $27+(65-27) \times 0.70 = 53.6$이 되어 53.6세에 승진하는 것이 가장 좋습니다. 이렇게 하여 조건 ①과 ③은 극복할 수 있을 것 같은데, 조건 ②를 극복하기 위해서는 53.6세까지 나머지 1.6년 사이에 24편의 논문을 써야 합니다. 또 $P=0.739$의 경우에 55세가 되므로, 이 경우에 $Imax$를 취하는 것은 $n=0.87$의 경우입니다. 이 경우에도 나머지 3년간에 25편의 논문을 써야 합니다.

설문 23 인간에게 가장 미적인 안정감을 주는 비율(가로세로비)은?

$$I=P(1-nAEA)$$

이것은 C씨와 관련된 설문입니다. 예로부터 황금비(黃金比), 백은비(白銀比), 백금비(白金比)가 인간에게 미적인 안심감을 준다고 여겨졌습니다. 그래서 기대도 AEE나 불안도 AEA를 이용하여 그 이유에 대해 C씨는 숙고하고 있습니다. 미적 안심도는 안정성 척도와 정규성 척도의 곱으로 나타나는 것으로 하고 ($m=1$, $n=1$), 또 짧은변의 긴변에 대한 비율(**그림-11**)을 가로세로비 P로 나타내겠습니다. 어떻게 설명하면 좋을까요?

● 해설 ● ● ● ● ● ●

고대 그리스 시대 이후로, 예를 들면 **그림-16**에서 보여주는 직사각형의 가로세로비로서 **그림-17**에서 보여주는 황금비(黃金比), 백은비(白銀比), 백금비(白金比)가 가장 아름답게 균형잡힌 비율로 여겨지고 있으며, 인간의 미에 대한 인식에 중요한 역할을 담당해 왔습니다. 황금비는 1 : 1.618로, 예를 들면 고대 이집트의 피라미드, 그리스의 파르테논 신전이나 미로의 비너스, 최근 유행하는 트럼프, 명함, 문고판 등에서도 볼 수 있습니다. 이 황금비는 가로세로비에서 $a : b = b : (a+b)$가 성립되는 비(比)라든가 $x^2 = x + 1$의 정해(正解)라고 하였습니다. 이에 대해 일본이 발상지이기 때문에, 별칭 '야마토 비(大和比)'라고도 하는 백은비(白銀比)는 1 : 1.414로, 예를 들면 일본 교토(京都)의 호류지(法隆寺)의 오중탑(五重塔), 수많은 불상(佛像)의 얼굴, 최근의 A4용지와 그리팅 카드(연하장·인사장·크리스마스카드)와 새로운 책 등에서도 볼 수 있습니다. 이 백은비(白銀比)에 관해서는 $a : b = (b+2a) : a$가 성립되는

그림-16 직사각형의 가로세로비

백금비   적 : 황＝1 : 1.732＝0.577 : 1

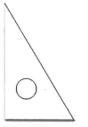 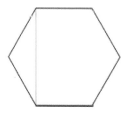

황금비   적 : 황＝1 : 1.618＝0.618 : 1

백은비   적 : 황＝1 : 1.414＝0.707 : 1

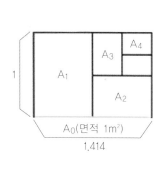  

그림-17 백금비, 황금비, 백은비

비율이라고 하였습니다. 그 외에도 1 : 1.732라는 백금비(白金比)도 있는데 예를 들면 30도 60도의 각을 가진 직각삼각자 등에서 볼 수 있습니다.

현대의 건축가, 예술가, 책 등의 디자이너들도 앞에서 언급한 비율을 선호하여 그 활용에 적극적입니다. 미(美)에 관해서는 칸트가 '대상이 갖는 주관적 합목적성(合目的性)에 유래하는 쾌감'이라고 관념적으로 정의하고 있듯이 주관적으로 정해지는 것이지만, 미(美)의 구체적인 정의는 없습니다. 그리고 많은 연구자들이 황금비(黃金比), 백은비(白銀比), 백금비(白金比)가 미적인 안심감을 주는 이유에 관해서 연구를 계속하고 있지만, 그 명확한 이유는 대부분 해명되지 않았습니다.

이 설문의 경우에는 주어진 조건에서 검토해야 할 인자는 '안정성 척도'와 '정규성(正規性) 척도' 입니다.

종래의 황금비, 백은비, 백금비 모두 직사각형인 경우에는 **그림-16** 에서의 $a>b$의 직사각형을 대상으로 하고 있어서, $a=b$가 되는 정사각형의 경우는 해당하지 않습니다. 그런데 미(美)는 인간의 감성에 호소하며 안심감을 주는 것으로 파악할 수 있으며, 그 미적인 안정감의 정도(미적 안정도)는 안정성 척도와 정규성(또는 규칙성, 정연성(整然性)) 척도의 곱으로 나타난다고 여겨집니다.

여기서 가로세로비가 증가하면 구형이 직사각형이 아닌 정사각형에 가까워지는 불안이 증가하지만, 가로세로비 P에 이론적으로 명확하게 대응한 불안의 정도는 불분명하므로 불안도 AEA 곡선을 그릴 수 있습니다. 이 AEA는 $0 \leq AEA\ 1$의 값을 취합니다. 이 불안도 AEA를 1에서

뺀 (1−AEA)는 '어느 정도 직사각형의 특성을 남기고 있는가?'에 관한 안심도라고 할 수 있습니다.

또 정규성 (또는 규칙성, 정연성) 척도에 주목하면 $P \to 0$일 때 세로 길이와 가로 길이의 차이가 증가하여 $a=b$로 나타나는 규칙성에서 멀어지지만, $P \to 1$일 때 세로 길이와 가로 길이의 차이가 감소하여 최종적으로는 $a=b$가 되어 같아지고 정규성은 최대가 됩니다. 따라서 정규성 척도는(세로 길이/가로 길이)에 비례한다고 생각됩니다. 즉,

미적 안정도 I = (세로 길이/가로 길이) × (1 − 불안도)
$$= (b/a) \times (1 - AEA) \times$$
$$= P \times (1 - AEA)$$

로 나타납니다.

또한 $a<b$의 경우에는 위의 $a>b$ 개념과 아주 똑같은 전개가 가능하며, $a=b$의 경우에는 정사각형이 되고 형태가 고정되어 논의하는 의미가 아주 없어지므로, 위의 $a>b$의 경우에 관해서 검토하면 충분합니다.

앞에서의 개념에 따라 미적 안심도 I를 그림으로 나타내면 **그림−18**의 곡선(**보충그림−3** 및 **보충그림−4**의 $n=1$과 동일한 곡선)을 얻을 수 있으며, 미적 안심도는 그 최대치 0.309를 $P(=b/a)=0.705$일 때에 취한다는 것을 알 수 있습니다. 같은 그림에 종래의 황금비, 백금비, 백은비인 경우의 P의 값도 보여주었지만, 백금비는 0.283, 황금비는 0.300, 백은비는 0.308의 미적 안심도 값을 취하고, 어느 비율이나 앞에서의 미적 안심도가 비교적 큰 값을 취하는 비율임을 알 수 있습니다. 이것으로 황금비, 백은비, 백금비가 인간에게 미적인 안심감을 주는 근거를 밝힐 수 있었습니다.

그러나 앞에서의 미적 안심도의 최대치는 황금비, 백금비, 백은비의 미적 안심도의 값보다도 높은 값을 보여주며, 이 경우의 비율 1 : 0.705＝1.418 : 1이 훨씬 뛰어난 미적인 안도감을 주는 새로운 비율이라고 제안할 수 있습니다. 이 미적 안심도의 최대치를 주는 비율 0.705는 백은비 (야마토 비)의 0.707과 0.28%밖에 차이가 없어 거의 양쪽 비(比)가 일치한다는 점은 지극히 흥미로운 점이며, 왜 '야마토 비율'이라는 백은비가 뛰어난 비율인가를 알 수 있어 앞에서의 개념이 백은비에 이론적 근거를 제시한 셈도 됩니다.

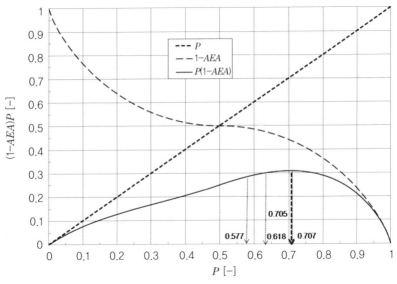

그림-18 최적의 미적 안정도

$$I = P(1 - nAEA)$$

이것도 C씨와 관련된 설문입니다. 지속적으로 C씨는 인간에게 가장 안정감을 주는 혼색, 회색도 제안해야 합니다. 어떻게 제안해야 할까요?

> **정답**
>
> 앞의 설문에 대한 해답에서 얻어진 미적 안심도가 최대치를 취하는 비율 1 : 0.705(= 0.587 : 0.413)을 이용하여, 삼원색 중에서 두 가지 또는 흑색과 백색을 0.587 : 0.413 또는 0.413 : 0.587의 배합으로 혼합한 혼색.

●해설●●●●●●

색의 삼원색은 적(R)·녹(G)·청(B)인데, 가법혼색(加法混色, 혼합에 따라 흑색에서 백색으로 바뀜), 색료(色料)의 경우는 마젠타(적, M) 옐로(황, Y), 시안(청, C)으로 감법혼색(減法混色, 혼합에 따라 백색에서 흑색으로 바뀜)이라고 합니다. 인간은 이러한 삼원색 그 자체에 대해서는 자극이 너무 강렬하여 안심감을 갖지 못하는데, 그것들이 적절하게 혼합된 혼색에 대해서는 훨씬 더 안도감을 갖는 것 같습니다.

색깔의 심리적 효과에 관해 색채와 인간의 심리에 관한 문헌에는, 예를 들면 삼원색은 강렬한 인상을 주는 한편, 베이지(연한 갈색) 등의 혼색은 평온한 인상을 준다고 하듯이 삼원색 그 자체에서는 자극이 너무 강해서 안도감을 느끼지 못하고, 그것들이 적절하게 혼합된 혼색에서 훨씬 더 안도감을 느끼며 편안해진다고 써 있습니다. 또 그 정도는 그 색깔의 밝기의 비율을 나타내는 명도와 선명함의 비율을 보여주는 채도에 따라 다르며, 연령·성별·풍토 등에 의해서도 다르다고 써 있습니다. 그러나 그러한 점들에 대한 색채와 인간 심리의 관계에 관해 신뢰할 수 있는 정량적·논리적 기술은 거의 없으며, 많은 문헌에서는 각각의 색깔에 대한 인간이 느끼는 이미지를 통해 연상되는 다양한 단어는 **표-4**처럼 표현되어 있을 뿐입니다.

표-4 색을 통해 연상되는 이미지

색채	안심 이미지	불안 이미지 단어	light tonus 값
적색	사랑, 태양	흥분, 공격, 주장(主張)	42
녹색	치유, 자연, 안전	미숙(未熟), 독(毒)	28
청색	상쾌함, 냉정	우울, 고독, 냉철	24
황색	건강, 희망, 명랑	위험, 무책임	30
등색(橙色)	해방, 약동	저속(低俗)	35
베이지	침착함, 릴랙스	정체(停滯)	23
파스텔 컬러	침착함, 릴랙스		23
갈색	치유, 침착함, 안정	신비	
핑크	치유		
보라색	치유, 정온(靜穩)	걱정, 불길함, 질병	
흑색	강렬함	공포, 죽음, 거절, 고독	
백색	무(無), 청결, 신생	종언(終焉), 불모(不毛), 공허	
회색	냉정, 지성, 세련		

표에서 알 수 있듯이 동일한 색깔에 대해서도 안심과 불안 이미지가 공존하는 경우가 적지 않습니다. 한편 앞에서의 색깔의 심리적 효과와는 별도로, 색깔이 인체에 미치는 생리적 효과에 관해서는 인체에 색광을 비추거나 색깔을 보여주었을 때의 땀 분비량과 뇌파 등으로 근육의 긴장도를 수치화한 light tonus 값이 있습니다.

모든 색깔의 light tonus 값은 명확히 밝혀져 있지는 않지만, 자주 기술되어 있는 색깔의 light tonus 값을 표-4에도 제시하였습니다. 삼원색의 light tonus 값은 평상시의 근육이 이완되어 있을 때의 light tonus 값 23과 비교하여 큰 값을 취하는 데 비해, 베이지(연한 갈색)와 파스텔 컬러는 거의 평상시의 값과 동일한 값을 취합니다. 이 light tonus 값이 그 색깔에 대해 인간이 느끼는 불안의 정도에 비례한다고 가정한다면, 삼원색 이외의 혼색이 인체적으로도 훨씬 더 안도감을 준다고 추측하는 것도 가능합니다. 그러나 light tonus 값이 그 색깔에 대해 인간이 느끼는 불안의 정도에 비례한다는 점의 명확한 정량적·논리적 근거는 없다는 것이 사실입니다.

앞의 설문에 대한 해답을 통해 얻어진 미적 안심도가 최대치를 취하는 비율 1 : 0.705를 이용하여, 삼원색 중 두 가지 또는 흑색과 백색을 0.587 : 0.413 또는 0.413 : 0.587의 배합으로 혼합한 혼색이, 인간에게 가장 안심감을 주는 색이 된다고 추측 가능합니다. 예를 들면 빛의 경우에는 적색 0.587 + 황색 0.413 또는 적색 0.413 + 황색 0.587이 되도록 혼합한 광색(光色)입니다. 색료의 경우에도 마찬가지로, 마젠타 0.587 + 옐로 0.413 또는 마젠타 0.413 + 옐로 0.587이 되도록 혼합한 색깔입니다.

빛의 삼원색 RGB와 색료의 삼원색 YCM을 색환(色環) (Hue ring)의 바깥쪽과 안쪽에 각각 배치하여, 각각의 원색을 0.587 : 0.413 및 0.413 : 0.587이 가진 색광 또는 색료, 즉 최대 미적 안심도를 주는 비(比)에서 가진 색광(色光) 또는 색료를 각각의 원색 사이에 나타내면 그림-19처럼 됩니다. 또한 그림을 그릴 때는 각각의 원색의 양을 100단계 (0~100)로 나누었습니다. 그림에서도 알 수 있듯이, 자극이 강한 원색과 비교하여 원색 사이의 두 가지 광색 또는 색료는 어느 것이나 사람을 평온하게 해 준다고 추측 가능합니다. 그러나 그 정량적·논리적 근거에 관해서는 앞으로의 연구에 맡기는 수밖에 없습니다. 또 그림-20에는 동일한 방법으로 백색과 흑색을 양단(兩端)으로 하는 경우의 최대 미적 안심도를 준다고 추측되는 비율로 인한 회색을 나타냈습니다. 격식을 갖춘 다양한 행사장 등에서 흔히 볼 수 있는 백색이나 흑색과 비교하여 회색은 일상적으로 자주 이용되므로, 회색이 훨씬 평온하게 해 준다고 유추하는 것도 가능하지만, 그 정량적·논리적 근거에 관해서도 앞으로의 연구에 맡기는 수밖에 없다는 점은 앞에서의 기술과 동일합니다.

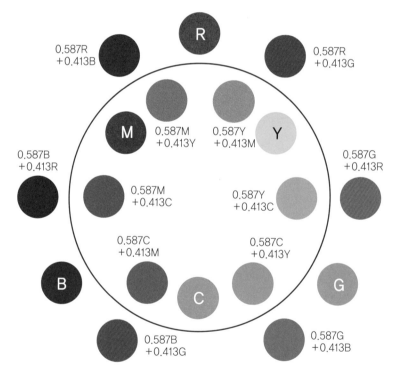

그림-19 삼원색과 인간에게 안심을 주는 혼합색

그림-20 흑색, 백색과 인간에게 안심을 주는 회색

이상의 기술에서, 형상(形狀)을 대상으로 하는 경우의 디자인으로는 최대 미적 안심도를 주는 1 : 0.705의 가로세로 비율을, 또 색채를 대상으로 하는 경우의 디자인으로는 최대 미적 안심도를 주는 1 : 0.705의 색채 비율로 삼원색 또는 백색이나 흑색을 섞은 혼색 또는 회색을 이용하면 인간이 가장 안정감을 갖고 받아들일 수 있는 디자인을 제공할 수 있다고 기대되는 것입니다.

설문 25 업무처리에 가장 능률이 오르는 경과시간은?

$$I = P^3(1 - AEA)$$

이것은 C씨와 B씨와 관련된 설문인데, C씨와 B씨는 상사로부터 어떤 기간 내에 업무를 처리하도록 지시받았습니다. 각각 달성량이 사용시간의 2/5 제곱에 비례하는 업무를 C씨가, 그리고 2승에 비례하는 업무를 B씨가 처리하도록 지시 받았습니다. C씨와 B씨는 각각 지정된 기간 안의 언젠가 마감일에 별로 신경쓰지 않고 업무를 처리할 수 있는 최적의 상태일까요? C씨와 B씨는 업무도 달성하고 싶지만, 마감일도 신경이 쓰입니다($n = 1$, $m = 0.4$ 또는 2). 지정된 기간에 대한 경과시간을 시간경과율 P로 나타내 보겠습니다.

> **정답**
> C씨는 지정된 기간의 61% 경과했을 때가, 또 B씨는 지정된 기간의 79% 경과했을 때 최적의 상태에서 업무에 매진할 수 있습니다.

이 설문의 경우에 검토해야 할 인자는, C씨와 B씨 모두 '업무 달성량'과 '업무 마감일'입니다.

C씨와 B씨의 경우도 업무 달성량은 경과 시간율의 거듭제곱에 비례하므로, 경과 시간율 P의 m승에 비례한다고 일반적으로 생각하여 P^m으로 나타내겠습니다. $P=1$에서는 m 값과 관계없이 1이 됩니다.

한편 시간 경과율 P가 상승함에 따라 업무가 지정일까지 종료될 수 있을지의 여부에 대한 불안이 증가하지만, 업무가 지정일까지 종료될 수 있을지의 여부와 시간 경과율 P의 이론적으로 명확한 관계는 불분명하므로 불안도 AEA 곡선을 이용합니다. 이 AEA는 $0 \leq AEA \leq 1$의 값을 취합니다. 여기서 업무를 시작하기 전 $P=0$에 대한 업무가 지정일까지 종료될 수 있다는 여유도를 1로 하면 $(1-AEA)$는 시간 경과율 P에 대한 잔존하는 업무를 지정일까지 종료할 수 있다는 점의 여유도가 됩니다.

여기서 업무를 지정일까지 종료할 수 있다는 여유도도 클수록 바람직하고, 업무 달성량도 클수록 바람직하므로, 이 양쪽 인자의 곱 $I=P^m(1-nAEA)$의 값도 클수록 바람직합니다. 그래서 이 곱 I를 시간 경과율 P에 대해 그림으로 나타내면 **보충그림-4**의 결과를 얻을 수 있습니다(동일한 그림에 대한 n이 여기서의 m에 대응하고 있습니다). 그려지는 곡선의 최대치 $Imax$는 m의 값에 의해 변화합니다. m값이 커짐과 동시에 $Imax$를 취하는 P값은 커집니다. 이 점은 시간 경과율과 업무 달성량의 관계로 인해 최적의 상태에서 업무를 처리할 수 있는 경과 시간율이 변한다는 점을 보여 주고 있습니다. 그리고 원본에는 이 부분에서 '시간 경과율'이라는 단어와 '경과 시간율'이라는 단어를 번갈아 사용하고 있습니다.

그런데 주어진 조건에서 C씨의 경우는 업무 달성량은 경과 시간율의 2/5승에 비례하므로 $m=0.4$가 되어, $Imax$는 $P=0.61$에서 취하므로 최적의 경과 시간율은 0.61이 됩니다. 즉 지정기간의 61%가 경과했을 때에 최적의 상태에서 업무를 처리할 수 있습니다. B씨의 경우, 업무 달성량은 경과 시간율이 2승에 비례하므로 $m=2.0$이 되어, $Imax$는 $P=0.79$에서 취하므로 최적의 경과 시간율은 0.79가 됩니다. 즉 지정기간의 79%가 경과했을 때에 가장 마음 편하게 업무를 처리할 수 있습니다.

2-3 증가함수가 AEE인 경우

2.3.1 감소함수가 $(1-nP^m)$인 경우

설문 26 경제적으로도 가장 합당한 마권(馬券) 구입액은?

$$I=AEE(1-nP)$$

이것은 A씨, B씨, C씨 모두와 관련된 설문입니다. 당첨될 확률이 높은 마권(馬券)을 가능한 한 많이 구입하고 싶지만, 마권 구입비도 가능하면 적게 지출하고 싶다($m=1$)고 생각하는 것은 당연합니다. 더구나 그날에 당첨될 확률이 높은 마권을 전부 구입하는 데는 50만 원이 필요합니다. 당첨될 확률이 있는 마권을 전부 구입하는 데 필요한 금액 50만 원에 대한 실제 구입비 비율을 구입률 P로 나타내겠습니다. 그러면 A씨, B씨, C씨는 각각 어느 정도의 마권을 구입해야 할까요?

A씨는 50만 원 모두 사용하여 당첨될 확률이 높은 마권을 전부 구입해도 상관없습니다. 그러나 B씨는 당첨될 확률이 높은 마권을 전부 구입하는 데 필요한 금액 50만 원의 33%, 즉 16.5만 원밖에 사용할 수 없습니다. 더구나 C씨는, 당첨될 확률이 높은 마권을 전부 구입하는 데 필요한 금액 50만 원의 30%, 즉 15만 원만 사용하는 것으로 만족해야 합니다.

● 해설 ● ● ● ● ● ●

이 설문의 경우에 검토해야 할 인자는 '마권 적중'과 '마권 구입비'입니다.

구입률 P가 상승함에 따라 마권이 적중된다는 기대가 증가하지만, 구입률 P와 마권 적중 관계는 이론적으로 불분명하므로 기대도 AEE 곡선을 이용합니다. 이 AEE는 $0 \leq AEE \leq 1$의 값을 취합니다.

한편 구입하는 마권이 증가하면 마권 구입비가 증가합니다. 마권 구입비는 구입률 P의 m승에 비례한다고 일반적으로 생각하면 마권 구입비는 P^m으로 나타낼 수 있습니다. 여기서 마권을 구입하기 전 $P=0$에서 마권을 전혀 구입하지 않은 상태에서의 마권 구입비 여유도를 1로 했을 때의 구입률 $P=P$까지의 마권 구입 여유도의 감소량을 nP^m으로 나타내면 $(1-nP^m)$은 구입률 $P=P$에 대한 마권 구입비의 잔존 여유도가 됩니다. 여기서 n은 마권 구입비 중요도인 마권 적중 중요도에 대한 비율(마권 구입비 중요도 : 마권 적중 중요도 $= n : 1$)이 되어, 마권 구입비 중요도가 마권 적중 중요도와 비교하여 작은 경우에는 작은 값을 취하고, 마권 구입비 중요도가 마권 적중 중요도와 비교하여 무시할 수 없게 됨에 따라 큰 값을 취합니다. 즉 자산이 많은 사람은 n은 작은 값을 취하고, 자산이 적은 사람은 n은 큰 값을 취합니다. 이 $(1-nP^m)$는 구입률 P의 증가와 더불어 감소합니다.

여기서 마권 적중 기대도와 잔존 금액도 클수록 바람직하므로, 이 양쪽 인자의 곱 $I=AEE(1-nP^m)$의 값도 클수록 바람직합니다. 이 설문의 경우에는 $m=1$이므로 $I=AEE(1-nP)$를 구입률 P에 대해 그림으로 나타내면 **보충그림-5**와 동일한 결과를 얻을 수 있습니다. 그려지는 곡선의 최대치 $Imax$는 n값에 의해 변합니다. $n=0.1\sim0.6$에서는 $Imax$를 나타내는 구입률 P값은 모두 1이지만, n값이 0.6에서 0.7로 변화하면 $Imax$를 취하는 P값은 1에서 0.35로 크게 감소합니다. 이 점은 초기에 자유롭게 사용할 수 있는 금액과 당첨될 확률이 높은 마권을 전부 구입하는 데 필요한 금액의 관계로 인해 최적의 구입률이 크게 변한다는 점을 보여주고 있습니다. 즉 $n\leq0.6$의 초기에 자유롭게 사용할 수 있는 금액으로 보아 당첨될 확률이 있는 마권을 전부 구입했을 때의 구입비가 아주 적은 금액으로 끝날 때는, 남아있는 자유롭게 사용할 수 있는 금액이 초기의 자유롭게 사용할 수 있는 금액의 40% 이상이므로, 당첨될 확률이 높은 마권을 전부 구입해도 됩니다. 그러나 $n\geq0.7$의 경우에는 마권 구입 비용이 많아지고, 당첨될 확률이 있는 마권을 모두 구입했을 때의 남아있는 자유롭게 사용할 금액이 30% 이하가 되어버리므로, 구입률 $P<0.35$로 만족해야 합니다. 더구나 당첨될 확률이 높은 마권을 전부 구입했을 때의 구입비가 초기의 자유롭게 사용할 수 있는 금액과 같아지는 최악의 경우, 즉 $n=1$의 경우에는 $Imax$를 나타내는 구입률 P값은 0.30이 되어버립니다.

그런데 주어진 조건에서 A씨의 경우는 500만 원을 자유롭게 사용할 수 있는 금액에 대해 당첨될 확률이 높은 마권을 전부 구입하는 구입비는 50만 원이므로 $n=0.1$이 되어, $Imax$는 $P=1.0$에서 취하므로 당첨될 확률이 높은 마권을 모두 구입할 수 있습니다. 그러나 B씨는 62.5만 원을 자유롭게 사용할 수 있는 금액에 대해 당첨될 확률이 높은 마권을 모두 구입하는 구입비는 50만 원이므로, $n=0.80$이 되어 $Imax$는 $P=0.33$에서 취하므로 당첨될 확률이 높은 마권을 모두 구입할 수가 없어, 구입률 0.33에서 참아야 합니다. 즉 $50 \times 0.33 = 16.5$만 원만 마권 구입에 사용할 수 있습니다. 더구나 C씨의 경우는 50만 원을 자유롭게 사용할 수 있는 금액에 대해 당첨될 확률이 높은 마권을 모두 구입하는 구입비는 50만 원이므로, $n=1$이 되어 $Imax$는 $P=0.30$에서 취하므로 당첨될 확률이 높은 마권을 모두 구입하는 것은 불가능하여, 구입비 0.30에서 참아야 합니다. 즉 $50 \times 0.30 = 15$만 원만 마권 구입에 사용할 수 있습니다.

이 점은 견해를 반대로 하자면, 자유롭게 사용할 수 있는 남아있는 금액이 0.4가 되는 초기의 자유롭게 사용할 수 있는 금액이 마권을 구입할 때의 빈부의 자산인 기준을 보여주고 있다고도 생각됩니다. 결론은 50만 원을 마권 구입비로 지출했을 때의 잔존하는 자유롭게 사용할 수 있는 금액이 0.4가 되는 초기의 자유롭게 사용할 수 있는 금액, 즉 $(x-50)/x = 0.4$를 충족시키는 $x=88.33$만 원이 이 마권을 구입하는 경우의 부유층과 빈곤층의 기준점이라는 점을 보여주고 있습니다. B씨도 초기의 자유롭게 사용할 수 있는 금액이 88.33만 원 이상이었다면, 당첨될 확률이 높은 마권을 모두 구입할 수 있는데 유감이군요.

설문 27 경제적으로 가장 적합한 가스 밸브의 열림 정도는?

$$I = AEE(1 - nP^3)$$

이것은 C씨와 관련된 설문입니다. C씨는 가능한 한 고열(高熱)로 맛있는 요리를 하고 싶지만, 가스비도 절약하고 싶어합니다. 더구나 가스레인지의 가스량은 가스레인지 밸브의 열림 정도의 3승에 비례합니다. 또 가스레인지의 밸브가 열리는 정도를 최대한으로 열었을 때를 1로 하는 개구율 P로 나타내겠습니다. 그러면 가스비 중요도를 음식 맛 중요도의 1/5과 4/5로 각각 고려한 경우는 밸브 꼭지 열림 정도를 어떻게 설정하면 좋을까요?

> **정답**
>
> 가스비 중요도를 음식 맛 중요도의 1/5로 생각한 경우는 가스레인지의 밸브를 모두 열어도 상관없지만, 가스비 중요도를 음식 맛 중요도의 4/5로 생각한 경우는 가스레인지의 밸브 개구율은 42%로 설정하는 것이 가장 좋습니다.

●해설●●●●●●

이 설문의 경우에 검토해야 할 인자는 '음식 맛'과 '가스비' 입니다.

음식 맛은 가스의 가열량(加熱量) 즉 열림 정도에 대응됩니다. 따라서 개구율 P가 클수록 음식이 맛있다고 생각할 수 있습니다. 그러나 이 음식 맛과 밸브 개구율 P의 명확한 관계는 불분명하므로 기대도 AEE 곡선을 이용합니다. 이 AEE는 $0 \leq AEE \leq 1$의 값을 취합니다.

한편 가스레인지의 밸브를 열수록 가스 소비량은 증가하고 가스비는 많아집니다. 가스 소비량은 가스레인지 밸브의 개구율 P의 m승에 비례한다고 일반적으로 생각하면 P^m으로 나타낼 수 있습니다. 여기서 가스레인지의 밸브를 열기 전 $P=P$에 대한 가스를 전혀 사용하지 않은 상태에서의 가스비 여유도를 1로 했을 때의 개구율 $P=P$ 까지에 대한 가스비 여유도의 감소량을 nP^3으로 나타내면 $(1-nP^m)$은 개구율 $P=P$에 대한 가스비 잔존 여유도가 됩니다. 여기서 n은 가스비 중요도인 음식 맛 중요도에 대한 비율 (가스비 중요도 : 음식 맛 중요도$=n$: 1)이 되고, 가스비 중요도가 음식 맛 중요도와 비교하여 작은 경우는 작은 값을 취하고, 가스비 중요도가 음식 맛 중요도와 비교하여 무시할 수 없게 됨에 따라 큰 값을 취합니다. 이 $(1-nP^m)$은 개구율 P의 증가와 더불어 감소합니다.

여기서 음식은 맛이 있을수록, 가스비 여유도도 클수록 바람직하므로, 이 양쪽 인자의 곱 $I=AEE(1-nP^m)$의 값도 클수록 바람직합니다. 이 설문의 경우는 $m=3$이므로 $I=AEE\,(1-nP^3)$을 개구율 P에 대해 그림을 그리면 **보충그림-6**의 결과를 얻을 수 있습니다. 그려지는 곡선의 최대치 $Imax$는 n값에 의해 변합니다. n값이 $0 \leq n \leq 0.5$의 범위에서는 $Imax$를 취하는 값은 마찬가지로 $P=1$입니다. 더욱이 n값이 커짐과 동시에 $Imax$를 취하는 P값은 감소합니다. 이 점은 음식 맛 중요도에 대한 가스비 중요도의 관계로 인해 최적의 개구율 P가 변한다는 점을 보여주고 있습니다. 양쪽 인자의 중요도를 같다고 할 경우는 $n=1$이 되므로, $Imax$를 취하는 P값은 0.41이 되어 밸브의 41%만 열면 됩니다. 대부분의 경우에는 가스비보다도 음식 맛을 중요시하므로 $Imax$를 취하는 P값은 큰 값을 취하고, 가스비를 무시할 수 있을 정도인 경우, 즉 $n \leq 0.5$의 경우는 $Imax$를 취하는 P값은 1.00이 되어 밸브를 모두 열어 요리하면 됩니다.

그런데 주어진 조건에서는, 가스비 중요도를 음식 맛 중요도의 1/5로 고려한 경우는 $n=1/5=0.2$이고, $Imax$는 $P=1.0$에서 취하므로 밸브는 100%보다 열어도 상관없습니다. 그러나 가스비 중요도를 음식 맛 중요도의 4/5로 생각한 경우는 $n=4/5=0.8$이고, $Imax$는 $P=0.42$에서 취하므로 밸브의 열림 정도를 42%로 해야 합니다.

설문 28 체력 소모가 적은 최적의 사용 체력은? $I=AEE(1-nP^3)$

이것도 C씨와 관련된 설문입니다. C씨는 업무성과를 올리고 싶은데, 체력 소모도 가능하면 적게 하여 업무를 수행($n=1$, $m=3$)하고자 합니다. 더구나 체력 소모는 사용 체력의 3승에 비례하며, 업무를 완료했을 때에는 체력은 소진되는 것으로 하겠습니다. 또 전체 체력에 대한 사용 체력의 비율을 사용률 P로 나타내겠습니다. 그러면 어느 정도의 체력을 사용하여 업무를 수행하는 것이 가장 좋을까요?

정답 전체 체력의 41%의 체력을 사용하여 업무를 수행하는 것이 가장 합리적입니다.

●해설● ● ● ● ● ●

이 설문의 경우에 검토해야 할 인자는 '업무성과'와 '체력 소모'입니다.

체력 사용률 P가 클수록 업무가 신속하게 진행된다는 점이 기대되지만, 업무성과와 체력 사용률 P의 관계는 이론적으로 불분명하므로 기대도 AEE 곡선을 이용합니다. 이 AEE는 $0 \leq AEE \leq 1$의 값을 취합니다.

한편 사용하는 체력이 커지면 그만큼 체력을 소모합니다. 체력 소모는 사용 체력의 m승에 비례한다고 일반적으로 생각하면 체력 소모는 P^m으로 나타낼 수 있습니다. 여기서 업무에 착수하기 전 $P=0$에서의 체력을 전혀 소모하지 않은 상태에서의 체력 여유도를 1로 했을 때의 사용률 $P=P$ 까지에 대한 체력 여유도의 감소량을 nP^m으로 나타내면 $(1-nP^m)$은 사용률 $P=P$에 대한 체력 여유도가 됩니다. 여기서 n은 체력 중요도인 업무성과의 중요도에 대한 비율(체력 중요도 : 업무성과 중요도$=n:1$)이 되어, 체력 중요도가 업무성과 중요도와 비교하여 작은 경우에는 작은 값을 취하고, 체력 중요도가 업무성과 중요도와 비교하여 무시할 수 없게 됨에 따라 큰 값을 취합니다. 이 $(1-nP^m)$은 사용률 P의 증가와 더불어 감소합니다.

여기서 업무성과는 많이 나타날수록 바람직하고, 잔존 체력도 클수록 바람직하므로 이 양쪽 인자의 곱 $I=AEE(1-P^m)$의 값도 클수록 좋습니다. 그래서 이 곱 I를 체력 사용률 P에 대해 그림으로 그리면 **보충그림-7**의 결과를 얻을 수 있습니다(그림에서의 n이 여기서의 m에 대응합니다). 그려지는 곡선의 최대치 $Imax$는 m값에 의해 변합니다. m값이 커짐과 동시에 $Imax$를 취하는 P값은 커집니다.

그런데 주어진 조건에서는 $m=3$, $n=1$이므로, $Imax$는 $P=0.41$에서 취하므로 최적의 체력 사용률 P는 0.41이 됩니다. 즉 전체 체력의 41%의 체력을 사용하여 업무를 처리하는 것이 좋다는 것입니다.

이것은 B씨와 관련된 설문입니다. B씨는 불교의 참선을 하려고 하는데, 참선 성과도 올리고 싶지만 가능한 한 체력 소모도 적게 하려고 합니다. 더구나 체력 소모는 참선 시간의 3승에 비례하는 것으로 하고, 하루 참선했을 때에는 체력은 소진되는 것으로 하겠습니다. 또 참선 경과 시간의 하루에 대한 비율을 참선 시간율 P로 나타내기로 하겠습니다. 그러면 체력 소모 중요도를 참선성과 중요도의 1/2로 고려한 경우는, 참선을 시작한지 어느 정도의 시간이 경과했을 때일까요?

> **정답**
> 참선을 시작한지 하루의 45%의 시간, 즉 10.8시간이 경과했을 때 최고의 깨달음을 얻게 됩니다.

●해설●●●●●●●

이 설문의 경우에 검토해야 할 인자는, '참선 성과'와 '체력 소모'입니다.

참선 시간율 P가 클수록 참선이 촉진된다는 점이 기대되지만, 참선 성과와 참선 시간율 P의 관계는 이론적으로는 불분명하므로 기대도 AEE 곡선을 이용합니다. 이 AEE는 $0 \le AEE \le 1$의 값을 취합니다.

한편 경과 시간이 길어지면 그만큼 체력·집중력이 떨어집니다. 체력·집중력 소모가 참선 시간율의 m승에 비례한다고 일반적으로 생각하면 체력·집중력 소모는 P^m으로 나타낼 수 있습니다. 여기서 참선을 시작하기 전 $P=0$에서의 체력을 전혀 사용하지 않은 상태에서의 체력 여유도를 1로 했을 때의 시간율 $P=P$ 까지에 대한 체력 여유도의 감소량을 nP^m으로 나타내면 $(1-nP^m)$은 시간율 $P=P$에 대한 체력의 잔존 여유도가 됩니다. 여기서 n은 체력 중요도인 참선 성과 중요도에 대한 비율(체력 중요도 : 참선 성과 중요도=n : 1)이 되어, 체력 중요도가 참선 성과 중요도와 비교하여 작은 경우에는 작은 값을 취하고, 체력 중요도가 참선 성과 중요도와 비교하여 무시할 수 없게 됨에 따라 큰 값을 취합니다. 이 $(1-nP^m)$은 시간율 P의 증가와 더불어 감소합니다.

여기서 체력 중요도인 참선 성과 중요도에 대한 비율인 n을 1로 하여 보겠습니다. 참선성과는 촉진될수록 바람직하고, 체력·기력의 여유도도 클수록 바람직하므로 이 양쪽 인자의 곱 $I=AEE(1-P^m)$의 값도 클수록 바람직합니다. 그래서 이 곱 I를 참선 시간율 P에 대해 그림으로 그리면 **보충그림-7**의 결과를 얻을 수 있습니다(그림에 대한 n이 여기서의 m에 대응합니다). 그려지는 곡선의 최대치 $Imax$는 m값에 의해 변합니다. m값이 커짐과 동시에 $Imax$를 취하는 P값은 커집니다.

그런데 이 그림만으로는 판정하기가 곤란하므로 $I=AEE(1-P^3)$를 참선 시간율 P에 대해 그림으로 나타내면, 주어진 조건에서 $m=3$, $n-1$이므로, $Imax$는 $P=0.45$에서 취한다는 것을 알 수 있습니다. 즉 최적의 참선 시간율 P는 0.45가 됩니다. 즉 24×0.45=10.8시간이 경과했을 때가 깨달음을 얻기 위한 최적의 경과 시간입니다.

2.3.2 감소함수가($1-nAEA$)인 경우

설문 30 경제적으로도 가장 적합한 질병 치유율은?

$$I=AEE(1-nAEA)$$

이것은 A씨, B씨, C씨와 관련된 설문입니다. 가능하면 질병을 치유하고 싶지만, 치료비도 절약하고 싶다는 생각은 세 사람 모두 동일합니다. 더구나 이 질병을 완치하기까지에는 4,000만 원이라는 치료비가 든다는 결과가 나왔습니다. 또 질병을 치료히는 경우 치유의 정도를, 안치되있을 때를 1로 하는 치유율 P로 나타내기로 하겠습니다. 그러면 A씨, B씨, C씨는 각각 어느 정도의 치유를 목표로 삼아야 할까요?

정답
> 치료비 중요도와 치유 중요도 관계에 의존합니다. A씨는 완치 즉 치유율 100%를 목표로 삼아 치료하여도 상관없습니다. 그러나 B씨의 경우는 치유율 79%에서 중단해야 하고 C씨는 치유율 17%에서 중단해야 합니다.

● **해설** ● ● ● ● ● ●

이 설문에서 검토해야 할 인자는 '치유'와 '치료비'입니다.

치유율 P가 상승함에 따라 질병이 치유되고 건강해진다는 기대가 증가합니다. 이 건강과 치유율 P의 관계는 이론적으로 불분명하므로 기대도 AEE 곡선을 이용합니다. 이 AEE는 $0 \leq AEE \leq 1$의 값을 취합니다.

한편 치유율 P가 상승함에 따라 치료에 드는 비용이 증가하여 불안해집니다. 그러나 이 치료비와 치유율 P의 관계는 이론적으로 불분명하므로 불안도 AEE 곡선을 이용합니다. 이 AEA는 $0 \leq AEA \leq 1$의 값을 취합니다. 여기서 치료를 시작하기 전 $P=0$에서의 치료비를 전혀 사용하지 않은 상태에서의 치료비 여유도를 1로 했을 때의 치유율 $P=P$까지에 대한 치료비 여유도의 감소량을 $nAEA$로 나타내면 $(1-nAEA)$은 치유율 $P=P$에 대한 치료비 잔존 여유도가 됩니다. 여기서 n은 치료비 중요도인 치유 중요도에 대한 비율(치료비 중요도 : 치료 중요도 $= n : 1$)이 되어, 치료비 중요도가 치유 중요도와 비교하여 작은 경우에는 작은 값을 취하고, 치료비 중요도가 치유 중요도와 비교하여 무시할 수 없게 됨에 따라 큰 값을 취합니다. 이$(1-nAEA)$는 치유율 P의 증가와 더불어 감소합니다. 여기서 초기의 치료비에 관한 여유도 1은 그 사람의 초기의 자산과 대응하므로, 질병이 치유되고 건강해진다는 점에 관한 기대도에는 부자와 가난한 사람의 차이는 없지만, 치료비 불안도에는 차이가 있어서, 부자에게는 그 불안도는 작고 가난한 사람에게는 그 불안도는 커집니다. 따라서 n은 완치되기까지 필요한 치료비의 전 자산에 대한 비율이라는 의미가 있습니다.

여기서 질병이 치유되고 건강해진다는 기대도도 클수록, 치료비 여유도도 클수록 바람직하므로, 이 기대도와 여유도의 곱 $I=AEE(1-nAEA)$의 값도 클수록 바람직합니다. 그래서 이 곱 I를 치유율 P에 대해 그림으로 나타내면 **보충그림-8**과 동일한 결과를 얻을 수 있습니다. 곡선이 최대치 $Imax$를 취하는 치유율 P는 n값에 의해 변화합니다. $n \leq 0.5$에서는 $Imax$를 취하는 P값은 1입니다. 이 점은 $n \leq 0.5$에서는 완치되기까지 치료를 해도 된다는 점을 보여주고 있습니다. 그러나 n값이 커짐과 동시에 $Imax$를 취하는 P값은 점차로 감소하여, 완치되기까지 치료했을 때의 치료비 불안도가 초기의 여유도와 같아진 경우, 즉 $n=1$의 경우는 $Imax$를 취하는 P값은 0.50입니다. 이것을 바꾸어 말하자면 완치되기까지에 필요한 치료비와 초기의 자산 비율이 0.5 이하라면 완치되기까지 치료를 계속하는 것이 가장 좋습니다.

그런데 주어진 조건에서 A씨의 경우는 2억 원의 여윳돈에 대해 완치까지에 필요한 치료비는 4,000만 원이므로 $n=0.2$가 되어 $Imax$는 $P=1.0$에서 취하므로, 치유율 $P=1$이 되는 완치될 때까지 치료를 계속하는 것이 가장 좋습니다.

그러나 B씨는 여윳돈 5,000만 원에 대해 완치까지 필요한 치료비는 4,000만 원이므로 $n=0.8$이 되어, $Imax$는 $P=0.79$에서 취하므로 완치까지 치료를 계속하는 것은 무리이므로 치유율 $P=0.79$를 최적치로 하여 치료해야 합니다. 또 C씨의 경우는 2,660만 원의 여윳돈에 대해 완치까지 필요한 치료비는 4,000만 원이므로 $n=1.5$가 되어 $Imax$는 $P=0.17$에서 취하므로 완치까지 치료를 계속하는 것은 무리이므로 치유율 $P=0.17$을 최적치로 하여 치료해야 합니다.

설문 31 공의 방향성까지 고려한 최적의 스윙력(力)은?

$$I=AEE(1-nAEA)$$

이것은 A씨, B씨, C씨와 관련된 설문입니다. 가능한 한 골프공을 멀리 날려 보내고 싶지만, 또한 슬라이스*(slice)와 훅*(hook)도 적게 하고 싶습니다. 골프채를 휘두를 때의 최대치를 1로 하여 휘두르는 힘의 비율을 타력률(打力率) P로 나타내기로 하겠습니다. 그러면 방향성 중요도를 비거리를 얻는 중요도의 80%, 100%로 각각 생각하고 있는 A씨, B씨는 골프채를 어느 정도의 힘으로 휘두르면 거리도 어느 정도 나오고, 똑바른 방향으로 공을 날릴 수 있을까요?

정답

B씨는 최대 힘의 79%에서 휘두르는 것이, A씨는 50%에서 휘두르는 것이 가장 좋습니다.

●해설● ● ● ● ● ●

이 설문의 경우에 검토해야 할 인자는 '비거리'와 '방향'입니다.

＊슬라이스 : 의도됨 코스에서 벗어나는 것
＊훅 : 볼이 왼쪽으로 구부러져 나가는 것

타력률 P가 상승함에 따라 비거리에 대한 기대가 증가합니다. 그러나 비거리와 타력률 P의 관계는 이론적으로는 불분명하므로, 기대도 AEE 곡선을 이용합니다. 이 AEE는 $0 \le AEE \le 1$의 값을 취합니다.

한편 타력률 P가 상승함에 따라 혹을 하거나 슬라이스하여 방향에 대한 불안감이 증가합니다. 그러나 이 방향과 타력률 P의 명확한 함수 관계는 불분명하므로 불안도(不安度) AEA 곡선을 이용합니다. 이 AEA는 $0 \le AEA \le 1$의 값을 취합니다. 여기서 골프채를 휘두르기 전의 $P = 0$에서의 직선적 비구(飛球)를 이상적으로 여기고 있는 상태에서의 방향 여유도를 1로 했을 때의 타력률 $P = P$까지에 대한 방향 여유도의 감소량을 $nAEA$로 나타내면 $(1-nAEA)$는 타력률 $P = P$에 대한 방향의 잔존 여유도가 됩니다. 여기서 n은 방향 중요도인 비거리 중요도에 대한 비율 (방향 중요도 : 비거리 중요도$=n$: 1)이 되고, 방향 중요도가 비거리 중요도와 비교하여 작은 경우에는 작은 값을 취하고, 방향 중요도가 비거리 중요도와 비교하여 무시할 수 없게 됨에 따라 큰 값을 취합니다. 또 이 n은 최대력으로 휘둘렀을 때의 슬라이스와 혹의 정도와 직선 비(比)가 됩니다. 이$(1-nAEA)$는 타력률 P의 증가와 더불어 감소합니다.

여기서 비거리 기대도도 클수록, 방향 여유도도 클수록 바람직하므로 이 양쪽 인자의 곱 $I = AEE(1-nAEA)$의 값도 클수록 바람직합니다. 그래서 이 곱 I를 타력률 P에 대해 그림으로 나타내면 **보충그림-8**과 동일한 결과를 얻을 수 있습니다. 곡선이 최대치 $Imax$를 취하는 P는 n값에 의해 변화합니다. $n \le 0.5$에서는 $Imax$를 취하는 P값은 1입니다. 이 점은 $n \le 0.5$에서는 가진 능력을 100% 발휘하여 스윙해도 된다는 점을 보여주고 있습니다. 그러나 n값이 커짐과 더불어 $Imax$를 취하는 P값은 점차로 감소하고, 목표를 가진 능력을 100% 발휘하여 스윙했을 때의 방향 불안도가 초기의 안심도와 같아진 경우, 즉 $n=1$의 경우에는 $Imax$를 취하는 P값은 0.50입니다. 이것을 바꾸어 말하자면 최대로 휘둘렀을 때의 방향의 악화 정도와 직선 비행 비(比)가 0.5 이하라면 최대로 휘두르는 것이 가장 좋습니다.

그런데 주어진 조건에서 B씨의 경우는 $n=0.8$이므로 $Imax$는 $P=0.79$에서 취하므로 최대력의 79%로 휘두르는 것이 가장 좋습니다. 또 A씨는 $n=1.0$이므로 $Imax$는 $P=0.50$에서 취하므로 최대력의 50%로 휘두르는 것이 가장 좋습니다. 이 값은 프로골퍼들이 평소 추천하고 있는 값과 거의 일치합니다. 즐거운 골프를 치기 위해서는 골프채를 힘껏 휘두르지 않고 능력의 최대력 0.70의 힘으로 휘두르는 것이 바람직합니다.

더구나 $I=AEE(1-nAEA)$ 대신에 비거리가 타력률 P에 비례한다고 고려한 $I=P(1-nAEA)$을 취하면 **보충그림-3**에서 보여주듯이, 이 때의 $Imax$는 $n=0.8$이므로 $P=0.76$에서 취합니다. 또 $n=1.0$으로 했을 때는 $Imax$는 $P=0.70$에서 취합니다.

설문 32 참선 성과 면이나 체력적으로 최적의 참선 시간은?
$$I=AEE(1-nAEA)$$

이것은 B씨, C씨와 관련된 설문입니다. 두 사람 모두 참선을 하고 있는데, 가능한 한 참선 성과는 올리고 싶지만, 참선에 필요한 체력·기력의 소모는 가능하면 적게 하고 싶어 합니다. 더구나 참선을 하는 시간은 하루 8시간이 한도입니다. 또 8시간 중 참선 경과시간의 비율을 시간율 P로 나타내기로 하겠습니다. 그러면 체력과 집중력의 중요도를 깨달음을 얻는 것의 중요도인 50%, 100%로 각각 생각하고 있는 B씨와 C씨는 8시간 중 어느 정도의 시간으로 참선할 때 깨달음도 어느 정도 얻을 수 있고, 체력 소모도 적게하여 집중할 수 있을까요?

정답
> B씨는 하루 8시간의 100%의 시간, 즉 8시간 참선하는 것이 가장 좋습니다. C씨는 50%의 시간, 즉 4시간 참선하는 것이 가장 좋습니다.

●해설●●●●●●

이 설문의 경우, 검토해야 할 인자는 '깨달음'과 '체력·집중력'입니다.

시간율 P가 커짐에 따라 깨달음에 대한 기대가 증가합니다. 그러나 깨달음과 시간율 P의 명확한 이론적 관계는 불분명하므로 기대도 AEE 곡선을 이용합니다. 이 AEE는 $0 \leq AEE \leq 1$의 값을 취합니다.

한편 시간율 P가 커짐에 따라 체력이 소모되고 집중력이 떨어지는 불안이 증가합니다. 그러나 이 체력·집중력의 결여와 시간율 P의 명확한 함수 관계도 불분명하므로 불안도 AEA 곡선을 이용합니다. 이 AEA는 $0 \leq AEA \leq 1$의 값을 취합니다. 여기서 참선을 시작하기 전 $P=0$에서의 체력·집중력이 전혀 떨어져 있지 않은 상태의 체력·집중력의 여유도를 1로 했을 때의 시간율 $P=P$까지에 대한 체력·집중력 여유도의 감소량을 $nAEA$로 나타내면 $(1-nAEA)$는 시간율 $P=P$에서의 체력·집중력의 잔존 여유도가 됩니다. 여기서 n은 체력·집중력 중요도인 깨달음 중요도에 대한 비율(체력·집중력 중요도 : 깨달음 중요도$=n : 1$)이 되고, 체력·집중력 중요도가 깨달음 중요도와 비교하여 작은 경우에는 작은 값을 취하고, 체력·집중력 중요도가 깨달음 중요도와 비교하여 무시할 수 없게 됨에 따라 큰 값을 취합니다. 이(1−$nAEA$)는 시간율 P 의 증가와 더불어 감소합니다.

여기서 깨달음의 기대도도 클수록 바람직하고, 체력·집중력의 여유 도도 클수록 바람직하므로, 이 기대도와 여유도의 곱 $I=AEE(1-nAEA)$의 값도 클수록 좋습니다. 그래서 이 곱 I를 시간율 P에 대해 그 림으로 나타내면 **보충그림−8**과 동일한 결과를 얻을 수 있습니다. 곡선 이 최대치 $Imax$를 취하는 P는 n값에 의해 변화합니다. $n \leq 0.5$에서는 $Imax$를 취하는 P값은 1입니다. 이 점은 $n \leq 0.5$에서는 8시간 참선했을 때가 최적임을 보여주고 있습니다. 그러나 n값이 커짐과 더불어 $Imax$ 를 취하는 P값은 점차로 감소하여 8시간 참선하였을 때의 체력·집중력 불안도가 초기의 여유도와 같아진 경우, 즉 $n=1$의 경우에는 $Imax$를 취하는 P값은 0.50이 됩니다. 이런 경우는 4시간 참선을 했을 때가 가 장 좋습니다.

그런데 주어진 조건에서 B씨의 경우는 $n=0.5$가 되어 $Imax$는 $P=1.00$에서 취하므로 8시간의 100%, 즉 8시간 경과했을 때가 가장 좋습 니다. 또 C씨의 경우는 $n=1.0$이 되어 $Imax$는 $P=0.50$에서 취하므로 8시간의 50%, 즉 4시간 경과했을 때가 가장 좋습니다.

설문 33 체력면에서도 생활면에서도 최적의 설정 가능한 수명은?
$$I=AEE(1-nAEA)$$

이것은 A씨와 관련된 설문입니다. A씨는 앞으로 10년 후에 인생의 전성기를 맞이하고 싶은데, 그때까지 체력 감소도 적게 하려고 합니다. 목표 나이를 YO, 현재의 나이를 YP, 미래의 어떤 나이를 Y로 하고, 나이 Y에 대한 연명율(延命率) P를 $(Y-YP)/(YO-YP)$로 나타내기로 하겠습니다. 그러면 지금 68세인 A씨는, 어떤 나이를 설정하여 설정 나이에 도달했을 때의 체력은 현재의 체력 30% 이상으로 하여 두고자 하는데, 몇 살까지 생존하도록 설정하면 좋을까요?

정답 78.6세를 목표 나이로 설정하는 것이 가장 좋습니다.

● 해설 ● ● ● ● ● ●

이 설문의 경우에 검토해야 할 인자는 '인생의 즐거움'과 '체력'입니다.

연명율 P가 커짐에 따라 인생의 즐거움이 증가하지만, 이 인생의 즐거움의 값과 연명율 P의 명확한 관계는 불분명하므로 기대도 AEE 곡선을 이용합니다. 이 AEE는 $0 \leq AEE \leq 1$의 값을 취합니다.

한편 연명률 P가 커질수록 질병 등이 발생하고 체력에 대한 불안은 커집니다. 이 체력과 연명률 P의 명확한 이론적 관계는 불분명하므로 불안도 AEA 곡선을 이용합니다. 이 AEA는 $0 \leq AEA \leq 1$의 값을 취합니다. 여기서 현재 $P=0$에서의 체력이 전혀 떨어져 있지 않은 상태에서의 체력의 여유도를 1로 했을 때의 연명률 $P=P$까지에 대한 체력 여유도의 감소량을 $nAEA$로 나타내면 $(1-nAEA)$는 연명률 $P=P$에 대한 체력의 잔존 여유도가 됩니다. 여기서 n은 체력 중요도인 인생의 즐거움 중요도에 대한 비율(체력 중요도 : 인생의 즐거움 중요도 $=n:1$)이 되고, 체력 중요도가 인생의 즐거움 중요도와 비교하여 작은 경우에는 작은 값을 취하고, 체력 중요도가 인생의 즐거움 중요도와 비교하여 무시할 수 없게 됨에 따라 큰 값을 취합니다. 이 $(1-nAEA)$는 연명률 P의 증가와 더불어 감소합니다.

여기서 인생의 즐거움 기대도도 클수록 바람직하고 체력 여유도도 클수록 바람직하므로, 이 기대도와 여유도의 곱 $I = AEE(1-nAEA)$의 값도 클수록 좋습니다. 그래서 이 곱 I를 연명률 P에 대해 그림으로 나타내면 **보충그림-8**과 동일한 결과를 얻을 수 있습니다. 곡선이 최대치 $Imax$를 취하는 연명률 P는 n값에 의해 변화합니다. $n \leq 0.5$에서는 $Imax$를 취하는 P값은 1입니다.

이 점은 $n \leq 0.5$에서는 인생의 전성기에 달할 나이를 그대로 목표로 해도 된다는 점을 보여주고 있습니다. 그러나 n값이 커짐과 더불어 $Imax$를 취하는 P값은 점차로 감소하여 전성기에 달할 나이에 대한 체력 불안도가 초기의 여유도와 같아진 경우, 즉 $n = 1$의 경우에는 $Imax$를 취하는 P값은 0.50이 됩니다. 이것을 다른 말로 표현하자면 목표 나이에 달하기까지 소모된 체력과 초기의 체력 비(比)가 0.5 이하라면 77세를 그대로 목표 나이로 하여도 됩니다.

그런데 주어진 조건의 목표 나이에 대한 잔존 체력이 현 시점의 0.3이 될 경우는 $n = 0.7$이 되므로, $Imax$는 $P = 0.86$에서 취하므로 $(77-68)/0.86 + 68 = 78.5$가 되어 78.5세를 목표 나이로 하면 정확하게 77세에 전성기에 달할 수 있습니다. 목표 나이에 대한 잔존 체력이 현 시점의 0.1이 될 경우는 $n = 0.9$가 되므로 $Imax$는 $P = 0.69$에서 최적치를 취하므로$(77-68)/0.69 + 68 = 81.0$이 되어 81.0세를 목표 나이로 하면 정확하게 77세에 전성기에 달할 수 있습니다.

설문 34 회사의 CEO가 목표 달성을 위해 직원들에게 제시할 목표치는?

$$I=AEE(1-nAEA)$$

이것도 A씨와 관련된 설문입니다. A씨는 자신이 지향하는 목표를 가능한 한 달성시키고 조직의 체력도 소모되지 않는 목표를 직원들에게 제시하려고 합니다. 직원들에게 제시한 목표치를 1로 하고 그 달성률을 P로 나타내기로 하겠습니다. 그러면 초기의 조직 체력을 100으로 했을 경우, 직원들이 직원으로서의 목표치를 완전 달성하기까지 소비하는 조직 체력이 60(잔여 체력 40)이 될 경우에 관해, A씨는 달성하고자 하는 사업의 목표치 PTOP을 어떻게 직원들에게 전달하면 직원들은 A씨의 목표치 PTOP을 달성해 줄까요?

정답

잔여 체력 40이 될 경우는, A씨의 목표치 PTOP의 1.06배의 목표치를 직원들에게 제시할 필요가 있습니다. 또 잔여 체력 0이 될 경우는, A씨의 목표치 PTOP의 2배의 목표치를 직원들에게 제시할 필요가 있습니다.

●해설●●●●●●

이 설문의 경우에 검토해야 할 인자는 '업적'과 '조직 체력'입니다.

달성률 P가 커짐에 따라 수입 등을 비롯한 업적 향상의 값이 증가합니다. 그러나 그 업적 향상과 달성률 P의 명확한 이론적 관계는 불분명하므로 기대도 AEE 곡선을 이용합니다. 이 AEE는 $0 \le AEE \le 1$의 값을 취합니다.

한편 직원들이 목표를 향해 업무를 추진하는 결과, 조직의 체력 소모가 불안해지며 달성률 P가 커질수록 그 불안은 커집니다. 이 조직 체력과 달성률 P의 명확한 이론적 관계는 불분명하므로 불안도 AEA 곡선을 이용합니다. 이 AEA는 $0 \leq AEA \leq 1$의 값을 취합니다. 여기서 직원들에게 목표를 제시하기 전 $P=0$에서의 조직의 체력이 전혀 떨어져 있지 않은 상태에서의 체력 여유도를 1로 했을 때의 달성률 $P=P$ 까지에 대한 체력 여유도의 감소량을 $nAEA$로 나타내면 $(1-nAEA)$는 달성률 $P=P$에 대한 체력의 잔존 여유도가 됩니다. 여기서 n은 체력 중요도인 업적 중요도에 대한 비율(체력 중요도 : 업적 중요도 $= n : 1$)이 되고, 체력 중요도가 업적 중요도와 비교하여 작은 경우에는 작은 값을 취하고, 체력 중요도가 업적 중요도와 비교하여 무시할 수 없게 됨에 따라 큰 값을 취합니다. 이$(1-nAEA)$는 달성률 P의 증가와 더불어 감소합니다.

여기서 업적 향상의 기대도도 클수록 바람직하고, 조직 체력의 여유도도 클수록 바람직하므로, 이 기대도와 여유도의 곱 $I = AEE(1-nAEA)$의 값도 클수록 좋습니다. 그래서 이 곱 I를 달성률 P에 대해 그림으로 나타내면 **보충그림-8**과 동일한 결과를 얻을 수 있습니다. 곡선이 최대치 $Imax$를 취하는 달성률 P는 n값에 의해 변화합니다. $n \leq 0.5$에서는 $Imax$를 취하는 P값은 1입니다. 이 점은 $n \leq 0.5$에서는 CEO로서의 목표 PTOP을 그대로 직원들에게 제시해도 된다는 점을 보여주고 있습니다. 그러나 n값이 커짐과 더불어 $Imax$를 취하는 P값은 점차로 감소하여 목표를 완전히 달성했을 때의 조직 체력의 불안도가 초기의 안심도와 같아진 경우, 즉 $n=1$의 경우에는 $Imax$를 취하는 P값은 0.50이 됩니다. 이 경우는 $1/0.5 = 2$이므로 CEO로서의 목표 PTOP의 2배의 목표치를 직원들에게 제시해야 한다는 것입니다.

그런데 주어진 조건에서 체력이 100에서 40으로 떨어지는 주어진 조건의 경우는 $n=0.6$이 되므로, $Imax$는 $P=0.94$에서 취하므로 이 달성률 P가 A씨의 목표치 PTOP과 일치하도록 더욱 아이디어를 짜내어 목표치를 직원들에게 제시할 필요가 있습니다. 즉 PTOP을 $1/0.94=1.06$배로 한 값을 직원들에게 제시하면 직원들은 그 값을 목표치(직원들의 경우 $P=1$)로 생각하고, 그 $P=0.94$에서 I는 최대치를 취하게 되므로, A씨가 생각하는 목표치 PTOP과 평가치 I가 최대치를 취하는 P값이 일치합니다. 또 조직의 체력이 100에서 0으로 떨어지는 주어진 조건의 경우는 $n=1$이 되므로, $Imax$는 $P=0.50$에서 취합니다. 따라서 이 달성률이 A씨의 목표치 PTOP과 일치하도록 역시 아이디어를 짜내어 목표치를 직원들에게 제시할 필요가 있습니다. 즉 PTOP을 $1/0.50=2$배로 한 값을 직원들에게 제시해 두면 직원들은 그 값을 목표치(직원들의 경우 $P=1$)로 생각하고, 그 $P=0.50$에서 I는 최대치를 취하게 되므로, A씨가 생각하는 목표치 PTOP과 I가 최대치를 취하는 P값과 일치하게 됩니다.

설문 35 경제적으로도 가장 적합한 전자레인지의 설정 와트 수는?

$$I=AEE(1-nAEA)$$

이것은 B씨와 관련된 설문입니다. B씨는 와트 수를 가능한 한 높여서 맛있게 요리하고 싶지만, 전자레인지의 손상도 적게 하려고 합니다. 설정할 수 있는 최대 와트 수로 무차원화한 무차원 와트 수를 와트율 P로 나타내기로 하겠습니다. 그러면 전자레인지의 손상 중요도를 요리 중요도의 7/10로 고려한 경우는, 이 전자레인지의 와트 수를 어떻게 설정하여 요리하면 좋을까요?

● 해설 ● ● ● ● ● ●

이 설문의 경우에 검토해야 할 인자는 '요리'와 '전자레인지의 손상'입니다.

요리의 진행 정도는 설정하는 와트 수에 대응하고, 와트 수가 클수록 요리가 빨리 진행됩니다. 그러나 이 요리 진행과 와트율 P의 명확한 이론적 관계는 불분명하므로 와트율에 대해 요리 진행에 관한 기대도 AEE 곡선을 이용합니다. 이 AEE는 $0 \leq AEE \leq 1$의 값을 취합니다.

한편 와트율 P가 커질수록 전자레인지의 손상에 대한 불안은 커집니다. 이 전자레인지의 손상과 와트율 P의 이론적으로 명확한 관계도 불분명하므로 불안도 AEA 곡선을 이용합니다. 이 AEA는 $0 \leq AEA \leq 1$의 값을 취합니다. 여기서 요리를 시작하기 전 $P=0$에서의 전자레인지에 전혀 새로운 손상이 없는 상태에서의 전자레인지 손상 여유도를 1로 했을 때의 와트율 $P=P$까지에 대한 전자레인지 손상 여유도의 감소량을 $nAEA$로 나타내면 $(1-nAEA)$는 와트율 $P=P$에 대한 전자레인지 손상의 잔존 여유도가 됩니다. 여기서 n은 전자레인지 손상 중요도인 요리 중요도에 대한 비율(전자레인지 손상 중요도 : 요리 중요도 = n : 1)이 되고, 전자레인지 손상 중요도가 요리 중요도와 비교하여 작은 경우에는 작은 값을 취하고, 전자레인지 손상 중요도가 요리 중요도와 비교하여 무시할 수 없게 됨에 따라 큰 값을 취합니다. 이 $(1-nAEA)$는 와트율 P의 증가와 더불어 감소합니다.

여기서 요리는 빨리 진행될수록 바람직하고, 전자레인지 손상에 대한 여유도도 클수록 바람직하므로, 이 양쪽 인자의 곱 $I = AEE(1-nAEA)$의 값도 클수록 바람직합니다. 그래서 이 곱 I를 와트율 P에 대해 그림으로 나타내면 **보충그림-8**과 동일합니다. 그려지는 곡선의 최대치 $Imax$는 n값에 의해 변합니다. 이 점은 요리 촉진의 중요도에 대한 전자레인지 손상 중요도의 관계로 인해 최적의 와트율이 변한다는 점을 보여주고 있습니다. n값이 $0 \leq n \leq 0.5$의 범위에서는 $Imax$는 $P=1$에서 취합니다. 즉 이때는 최대 와트 수로 요리해도 됩니다. n값이 더욱 커짐과 더불어 $Imax$를 취하는 P값은 점차 감소합니다. 양쪽 인자의 중요도를 동등하게 할 경우는 $n=1$이 되지만, 그때의 $Imax$를 취하는 P값은 0.50이 됩니다. 즉 이때는 최대 와트 수의 50%의 와트 수로 요리할 필요가 있습니다.

그런데 주어진 조건은 $n=0.7$이므로 $Imax$는 $P=0.86$에서 취하므로 최대 와트 수의 86%에서 요리하면 좋습니다.

2-4 각 평가인자가 최대치를 취하는 P값과 n값의 관계

앞에서 대상으로 삼은 각 평가인자와 P값의 관계도 및 각 평가인자가 최대치를 취하는 P값과 n값의 관계를 새로 제시했으니 자신이 직접 창안한 설문의 답을 얻을 때 활용해 보시기 바랍니다.

2.4.1 1-exp (−6.91P)를 증가함수로 하는 경우

(1) $I = \{1 - \exp(-6.91P)\}(1 - nP^3)$

이 경우의 I VS n의 관계를 보충그림-1에 제시합니다.

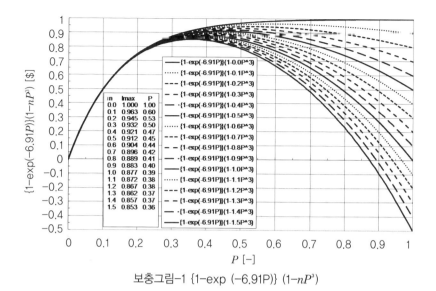

보충그림-1 {1-exp (-6.91P)} (1-nP³)

(2) $I=\{1-\exp(-6.91P)\}(1-nAEA)$

이 경우의 $I\ VS\ n$의 관계를 보충그림-2에 제시합니다.

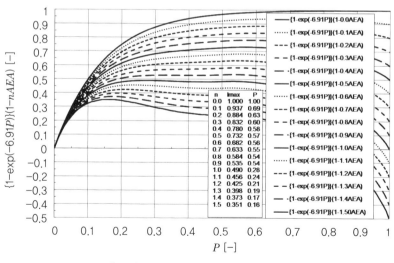

보충그림-2 {1-exp (-6.91P)} (1-nAEA)

2.4.2 P^n을 증가함수로 하는 경우

(1) $I = P(1-nAEA)$

이 경우의 $I\ VS\ n$의 관계를 보충그림-3에 제시합니다.

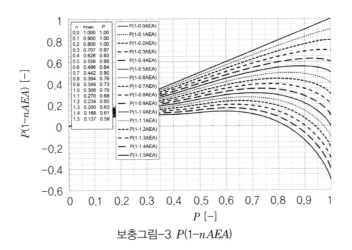

보충그림-3 $P(1-nAEA)$

(2) $I = P^n(1-AEA)$

이 경우의 $I\ VS\ n$의 관계를 보충그림-4에 제시합니다.

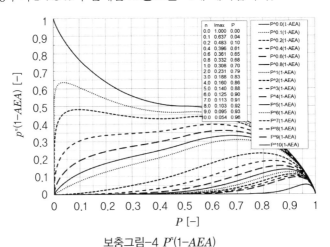

보충그림-4 $P^n(1-AEA)$

2.4.3 AEE를 증가함수로 하는 경우

(1) $I = AEE(1-nP)$

이 경우의 I VS n의 관계를 보충그림-5에 제시합니다.

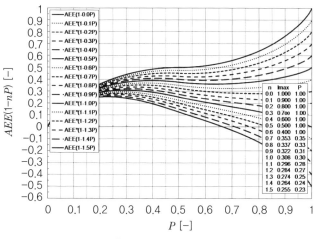

보충그림-5 $AEE(1-nP)$

(2) $I = AEE(1-nP^3)$

이 경우의 I VS n의 관계를 보충그림-6에 제시합니다.

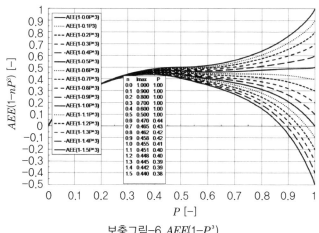

보충그림-6 $AEE(1-P^3)$

(3) $I = AEE(1-P^n)$

이 경우의 I VS n의 관계를 보충그림-7에 제시합니다.

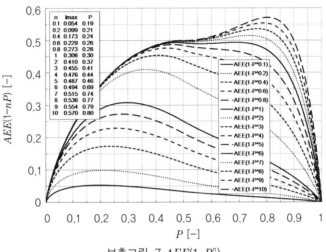

보충그림-7 $AEE(1-P^n)$

(4) $I = AEE(1-nAEA)$

이 경우의 I VS n의 관계를 보충그림-8에 제시합니다.

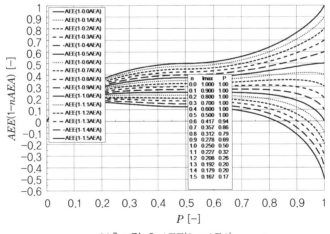

보충그림-8 $AEE(1-nAEA)$

부록

불안도·기대도의 정량적 표현
(불안도·기대도 *AEE* 곡선의 표시식)

여기에 나오는 몇 가지 수식은 모두 저의 사고방식을 이해하는 데 꼭 필요하므로 반드시 읽어 주세요.

정보란 그 사실에 관한 선호 가치에 관계없이 우리들의 불확실한 점을 조금이라도 명확하게 밝혀 주는 것입니다. 그리고 그 뉴스가 가져다주는 정보량은 그 뉴스를 알게 됨으로써 우리들이 알고 있는 불확실한 지식이 얼마큼 확실해졌는가로 나타납니다.

예를 들면, **사진-1**은 무슨 사진일까요? 이처럼 독자 여러분이 설문을 받으면, 머릿속에는 '어 이게 뭐지? 이건가? 저건가?…' 하고 여러 가지 피사체가 떠올랐다가는 사라지고 하기를 여러 차례 반복할 것입니다. 그렇습니다. 여러분의 머릿속에는 '피사체가 무엇일까?' 라는 어떤 불확실함이 가득 차 있습니다.

이 때 제가 '제일 위쪽 사진의 피사체는 개, 그 유명한 101마리의 달마시안 개입니다!' 하고 말하면 여러분의 머릿속에서는 조금 전의 불확실함이 순식간에 사라져 '아니 뭐라고, 그런 건가?' 하며 머릿속에는 더는 일말의 불확실함도 남아있지 않게 됩니다.

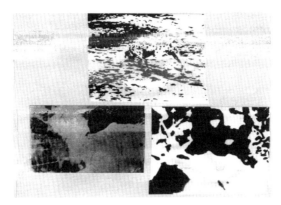

사진-1 아하 픽쳐(시게키겐이치로 '섬광(閃光)의 뇌' 新潮新書)

참고적으로 왼쪽 아래의 피사체는 '소 얼굴', 오른쪽 아래의 피사체는 '예수 그리스도의 얼굴'인데 확인하셨나요? 여러분의 머릿속의 부옇던 안개는 순식간에 사라졌습니까? 이 순식간에 사라진 부옇던 상태 즉 '예수 그리스도의 얼굴'이 가져다 준 정보량입니다.

그러면 그 정보의 양을 수치로 나타내려면 어떻게 하면 좋을까요? 통상적으로는 발생할 가능성이 있는 어떤 현상의 수치가 n일 때, 그 중에 하나의 현상이 발생한 것을 전달하는 뉴스가 가져다주는 정보량은 $\log n$으로 나타납니다. 또 사건의 수치가 큰 경우를 고려하여 n 대신에 확률 $1/n = P$를 이용하여 $-\log(P)$로도 나타낼 수 있습니다. 왜 정보량을 대수를 이용하여 나타내는 것일까요? 그것은 다음의 예를 보면 이해할 수 있습니다.

각 층마다 다섯 가구씩 모두 15세대(일련번호 '1~15호'로 되어 있음)가 입주해 사는 3층 건물이 있는데, 독자 여러분이 그 중의 한 친구 집을 찾아가려고 합니다. 그래서 입구의 관리인에게 '홍길동 씨 집은 어디입니까?' 하고 물었다고 합시다. 이 설문에 대해 관리인이 '8호입니다' 하고 대답했다면, 독자 여러분은 즉시 친구 집을 찾아갈 수 있습니다. 이런 경우의 관리인의 대답 '8호'가 가져다준 정보량은 전부해서 15 가구 중 한 집을 가르쳐 준 것이므로 $-\log(1/15) = \log(15)$가 됩니다.

그런데 관리인이 먼저 '2층입니다'라고 대답한 후, 이어서 '한 가운데 집입니다'라고 대답해도 독자 여러분은 쉽게 친구 집을 찾아갈 수 있습니다. 이런 경우, 처음의 대답 '2층'이 가져다주는 정보량은 전부해서 3층 중 한 층을 알려주고 있으므로, $-\log(1/3) = \log(3)$이 됩니다. 또 두 번째 대답 '한 가운데'가 가져다주는 정보의 양은 모두해서 다섯 가구 중의 한 집을 알려주고 있으므로 $-\log(1/5) = \log(5)$가 됩니다. 이처럼 대답이 '2층'과 '한 가운데' 두 가지로 분산되어 제공받아도 제대로 친구 집을 찾아갈 수 있으므로 그 정보량의 합계는 '8호실'이라고 한 번 제공받았을 때의 정보량과 동일해야 합니다.

그러나 조금 전처럼 대수를 이용하여 정보의 양을 나타내면 $\log(3) + \log(5) = \log(15)$가 되어 어느 쪽 대답이든지 얻을 수 있는 정보의 양은 동일하므로, 대수(對數)를 이용한 정보량 표시는 핵심을 찌르는 표시법임을 알 수 있습니다 (수학 공식에 $\log(a) + \log(b) = \log(ab)$라는 것이 있다는 점을 기억하시기 바랍니다). 이처럼 확률 P의 사태가 발생한 것을 알려주는 정보가 가져다주는 정보량은 $-\log(P)$로 나타납니다. 이상의 내용은 대답이 얻어졌을 때의 그 대답이 가져다주는 정보량이지만, 어떤 대답을 얻을 수 있는지 아직 잘 모를 때에 독자 여러분의 머릿속에 생기는 불확실함의 정도는 어떻게 나타날까요?

그것은 생각할 수 있는 한도의 대답이 얻어졌을 때 제각각 가져다주는 정보량의 평균치가 됩니다.

각각 발생확률이 P_i인 i개의 상황을 고려할 때, '어떤 상황이 이로 인해 발생하는가?' 하는 불확실함 H는 각각의 사태 i가 발생한 점을 알려주는 정보량 $-\log(P_i)$에 각각의 사태가 발생하는 발생확률 P_i을 곱한

$$H = \Sigma \; P_i\{-\log(P_i)\}$$

이라는 불확실함이 독자 여러분의 머릿속에 발생합니다. 이 평균 정보량을 정보 엔트로피(entropy)라고 합니다. 정보 엔트로피를 통해, 이제부터 어떤 사태가 발생하는가 하는 점에 대한 불확실함의 정도를 정량적으로 나타낼 수 있습니다. 더구나 이러한 정보량의 단위는 대수의 밑을 e로 하느냐 10으로 하느냐 2로 하느냐에 따라, 각각 'nat, dit, bit'로 서로 다르지만, 통상적으로는 정보량을 그 절대치로 논의하는 일은 적고, 상대값으로 논의하는 일이 많으므로, 밑에 무엇을 취하든 동일한 밑을 이용하기만 하면 상대값은 변하지 않으므로, 밑을 무엇으로 취하느냐는 큰 문제가 되지 않습니다. 이 정보 엔트로피를 인간이 느끼는 불안과 기대의 정도를 정량적으로 나타내기 위해 이용하는 것입니다. 그럼 다음 순서로 진행하겠습니다.

그런데 축구 시합에서의 사이드는 '동전던지기(Coin Toss)'로 결정되는 것 같은데, 이 동전던지기를 생각해 보겠습니다. 물론 사용하는 동전은 모조품이 아니라 진짜 동전으로 합니다. 이런 경우 동전 앞면이 나올 확률도 뒷면이 나올 확률도 동일한 1/2이라는 점은 분명합니다. 동전던지기 결과, 앞면이 나왔다는 것을 알려주는 정보가 제공하는 정보량은, 정의에 따라

$$-\log\,(1/2) = \log 2$$

로 나타납니다.

여기서 문제를 간단하게 하기 위해 앞면이 나올 것을 기대하고 있다

고 합시다. 이제부터 동전던지기를 할 때 앞뒷면 중 어느 쪽이 나오느냐에 대한 불확실함의 정도를 나타내는 정보량 엔트로피는

$$H = \Sigma \ P_i\{-\log(P_i)\} = -P\ \log(P) - (1-P)\ \log\ (1-P)$$

가 됩니다. 여기서 P는 앞면이 나올 확률입니다. 이 값을 발생확률 P에 대해 표시하면 다음의 **그림-1**을 얻을 수 있습니다.

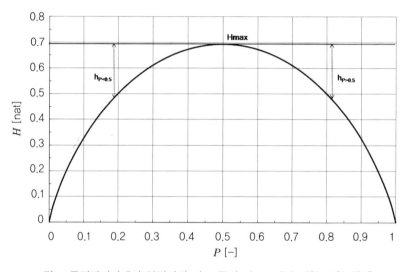

그림-1 동전던지기에서 앞뒷면의 어느 쪽이 나오느냐에 대한 불확실함을
나타내는 정보 엔트로피

    그런데 던지는 동전이 모조품이 아니라 진짜 동전이라면 앞면이 나올 확률과 뒷면이 나올 확률은 각각 1/2이므로, $P=0.5$로 앞뒷면 어느 쪽이 나올지의 불확실함은 최대치 0.693nat를 취합니다. 만약 던지는 동전이 모조품 동전으로 앞면이 나올 확률이 뒷면이 나올 확률보다 높으면 $P>0.5$의 곡선상의 값을 취하며, 앞뒷면 어느 쪽이 나오느냐의 불확실함은 진짜 동전의 경우보다 작아집니다. 즉 앞면이 나올 확실함(앞으로는 이 확실함을 'CO'로 표기함)이 증가한 분량, 즉 앞면이 나오지 않

을 확실함(뒷면이 나올 확실함) (앞으로는 이 확실함을 'CD'로 표기함)이 감소한 분량 $h_{P>1/2}$(=CO-CD)만큼 불확실함은 감소합니다. 한편 모조품 동전던지기에서 뒷면이 나올 확률이 높으면 $P<0.5$의 곡선상의 값을 취하고, 앞뒷면 어느 쪽이 나오느냐에 대한 불확실함은 진짜 동전의 경우보다 작아집니다. 즉 뒷면이 나올 확실함이 증가한 분량, 즉 뒷면이 나오지 않을 확실함(앞면이 나올 확실함)이 감소한 분량 $h_{P>1/2}$(=CO-CD) 불확실함은 감소합니다. 이 때 앞면이 나올 확실함의 증감은 뒷면이 나올 확실함의 증감과 1대 1로 대응하여, 앞뒷면 어느 쪽이냐에 주목해 논의하는 것만으로도 충분합니다. 이어서, 앞에서 언급한 P <0.5에 대한 앞뒷면 어느 쪽이 나오느냐에 대한 불확실함의 최대값과 각 P값에 대한 앞뒷면 어느 쪽이 나오느냐에 대한 불확실함의 차이(= CO-CD at $P>0.5$, =CD-CO at $P<0.5$)를 취하여 그림으로 나타내면 **그림-2**를 얻을 수 있습니다.

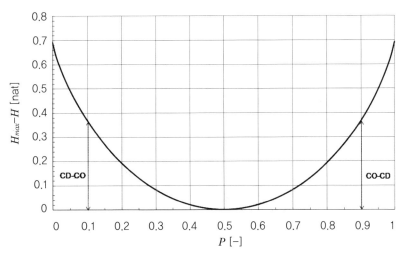

그림-2 $P=0.5$에서의 최대 정보 엔트로피 값과 각 P에 대한
정보 엔트로피 값의 차이

그림 속의 곡선이 취하는 값은, CD를 앞면이 나올 확실함, CD를 앞면이 나오지 않을 확실함(즉 뒷면이 나올 확실함)으로 했을 때에, P <0.5에서는 CD-CO를, P>0.5에서는 CO-CD를 나타내고 있습니다. P>0.5에서는 P가 커짐과 동시에 앞면이 나올 확실함이 증가하고, 앞면이 안 나올 확실함(즉 뒷면이 나올 확실함)이 줄어듭니다. 즉 앞면이 나올 확실함과 앞면이 안 나올 확실함(즉 뒷면이 나올 확실함)의 차이 CO-CD는 커집니다.

한편 P<0.5에서는 P가 작아짐과 동시에 뒷면이 나올 확실함이 증가하고, 뒷면이 안 나올 확실함(즉 앞면이 나올 확실함)이 줄어듭니다. 즉 뒷면이 나올 확실함과 뒷면이 안 나올 확실함(즉 앞면이 나올 확실함)의 차이 CD-CO는 커집니다. 여기서 원하는 앞면이 나오는 것에 대한 기대의 정도는 CO-CD에 비례한다고 생각하겠습니다. 그렇게 되면 P <0.5에서는 이 값은 마이너스의 값을 취합니다. 여기서 기대의 정도로는 항상 플러스의 값으로 취급하는 것이 편리하므로, 전체를 H_{max}만 양수쪽으로 옮겨 기대의 정도를 나타내겠습니다. 그 결과는 다음 식으로 나타납니다.

$$AE_{P \geq 1/2} \propto \varDelta\ I_{P \geq 1/2} = (H_{max}) + (H_{max} - H) = 2H_{max} - H$$
$$AE_{P \geq 1/2} \propto \varDelta\ I_{P \geq 1/2} = (H_{max}) - (H_{max} - H) = H$$

그런데 이제까지는 동전던지기를 대상으로 하였는데, 앞에서 언급한 것처럼 '전차에서 앉아 갈 수 있었다'는 경우의 기쁨과 '10억원의 복권에 당첨되었다'는 경우의 기쁨과는 큰 차이가 있듯이, 대상으로 삼는 사건의 가치에 따라 기대의 정도는 서로 달라집니다. 그래서 대상으로 삼는 사건의 가치를 V로 하고, 새로 기대의 정도를 다음 식처럼 정의할 수 있습니다.

$$AE_{P \geq 1/2} = V\{-P\ln P - (1-P)\ln(1-P)\} \qquad (1-1)$$

$$AE_{P \geq 1/2} = V[2\ln2 - \{-P\ln P - (1-P)\ln(1-P)\}] \qquad (1-2)$$

이 때 기대의 정도 AE와 사건이 발생하는 발생확률 관계를 그림으로 나타내면 **그림-3**과 같은 곡선을 그릴 수 있습니다. 그림에는 사건의 가치 V를 0.2부터 1.0까지 변화시킨 경우의 곡선을 보여주고 있습니다.

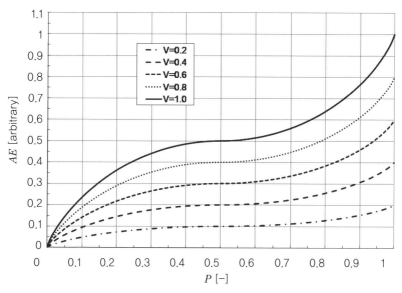

그림-3 가치 V를 0.2부터 1.0까지 변화시킨 경우의 기대도 AEE 곡선

여기서 그림 속의 곡선을 '기대도 곡선'으로 칭하겠습니다. 어느 한쪽 곡선은 $P=1$일 때에 최대값을 취하므로 이 최대치를 이용하여 무차원 화하면, 어느 곡선이나 **그림-4**처럼 최대값 1을 취하는 역(逆) S자형의 동일곡선이 됩니다.

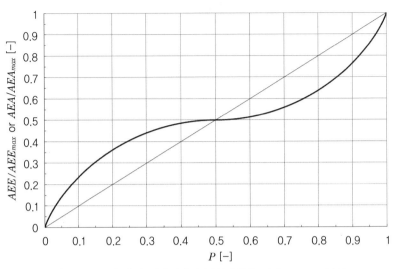

그림-4 *P*=1일 때의 최대치에서 무차원화한 기대도 *AEE* 곡선

그런데 여기까지는 앞면이 나올 것을 기대하고 있는 경우였지만, 반대로 앞면이 나오는 것을 바람직하지 않게 여기는 경우의 불안 정도의 표현방법을 고려하겠습니다. 결론부터 말하자면, 기대의 정도와 아주 똑같은 결과가 됩니다. 즉 원하는 결과를 동전의 앞면으로 하느냐, 원하지 않는 결과를 뒷면으로 하느냐의 차이일 뿐입니다. 즉 발생확률을 동전의 앞면에 주목하느냐, 뒷면에 주목하느냐의 차이일 뿐입니다. 따라서 무차원화한 기대도 *AEE* 곡선과 불안도 *AEA* 곡선은, 가로축의 발생확률이 갖는 의미는 완전히 반대이지만 역 S자형의 동일곡선이 됩니다.

이로써 대상으로 삼는 상황이 발생할 확률이 주어졌을 때의, 인간의 마음에 갖는 불안과 기대의 정도를 정량화하여 나타낼 수 있는 표시식이 나올 수 있었던 것입니다.

참고문헌

1) Ogawa,k. : "Quantitative index for anxiety/expectation and its applications," J.Chem.Eng.Japan, 39, 102-110 (2006)

2) Ogawa,k. : "Chemical Engineering-A New Perspective," Elsevier (2007)

3) Tversky,A and C.R.Fox. : "Weighing risk and uncertainty," Psychological Review, 102, 269-283 (1995)

4) 小川浩平 : "化學工學の新展開-その飛躍のための新視點" 大學敎育出判 (2008)
   오가와 고헤이 : "화학공학의 새로운 전개-그 비약을 위한 새로운 시점" 대학교육 출판 (2008)

5) 小川浩平 : "分離·混合操作の新評佃手法-情報エントロピ-の視点に立って-"
   分離技術會
   오가와 고헤이 : "분리·혼합 조작의 새로운 평가 수법-정보 엔트로피 시점에 서서"
   분리기술회

100%를 지향하지 않는
최적의 의사결정법

2018. 3. 26. 1판 1쇄 인쇄
2018. 4. 2. 1판 1쇄 발행

지은이 | 오가와 코헤이(小川活平)
감역 | 옥태준
번역 | 김영진
펴낸이 | 이종춘
펴낸곳 | **BM** 주식회사 **성안당**

주소 | 04032 서울시 마포구 양화로 127 첨단빌딩 5층(출판기획 R&D 센터)
| 10881 경기도 파주시 문발로 112 출판문화정보산업단지(제작 및 물류)
전화 | 02) 3142-0036
| 031) 950-6300
팩스 | 031) 955-0510
등록 | 1973. 2. 1. 제406-2005-000046호
출판사 홈페이지 | **www.cyber.co.kr**
ISBN | 978-89-315-8097-6 (03310)
정가 | 15,000원

이 책을 만든 사람들
책임 | 최옥현
진행 | 김정인
본문 디자인 | 김인환
표지 디자인 | 박원석
홍보 | 박연주
국제부 | 이선민, 조혜란, 김해영
마케팅 | 구본철, 차정욱, 나진호, 이동후, 강호묵
제작 | 김유석

★ ★ ★
www.**cyber**.co.kr
성안당 Web 사이트

■ **도서 A/S 안내**

성안당에서 발행하는 모든 도서는 저자와 출판사, 그리고 독자가 함께 만들어 나갑니다.
좋은 책을 펴내기 위해 많은 노력을 기울이고 있습니다. 혹시라도 내용상의 오류나 오탈자 등이
발견되면 **"좋은 책은 나라의 보배"**로서 우리 모두가 함께 만들어 간다는 마음으로 연락주시기
바랍니다. 수정 보완하여 더 나은 책이 되도록 최선을 다하겠습니다.
성안당은 늘 독자 여러분들의 소중한 의견을 기다리고 있습니다. 좋은 의견을 보내주시는 분께는
성안당 쇼핑몰의 포인트(3,000포인트)를 적립해 드립니다.
잘못 만들어진 책이나 부록 등이 파손된 경우에는 교환해 드립니다.